ジジイの文房具

沢野ひとし

集英社

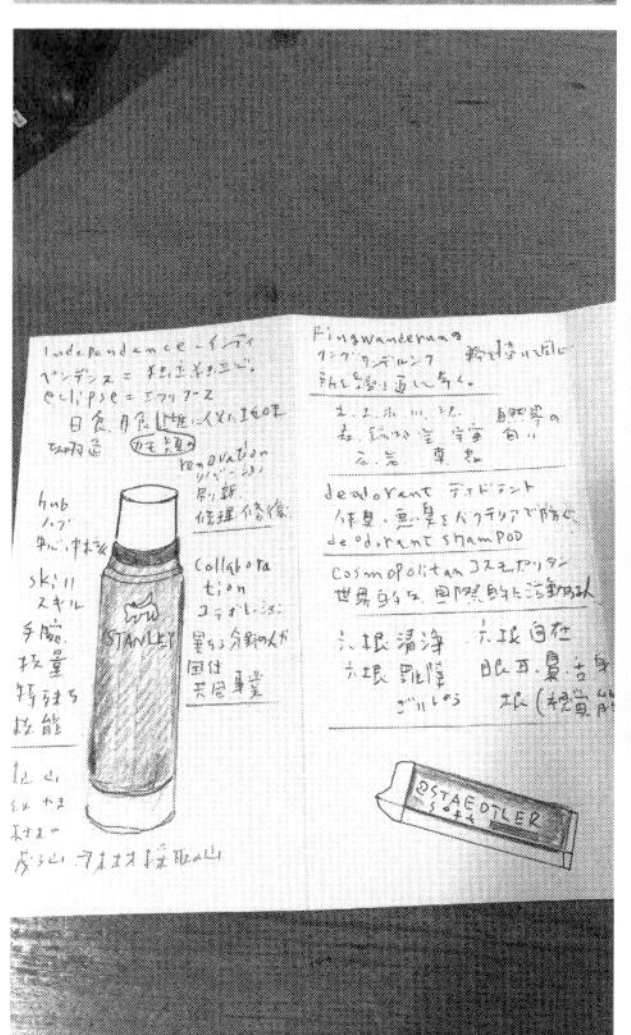

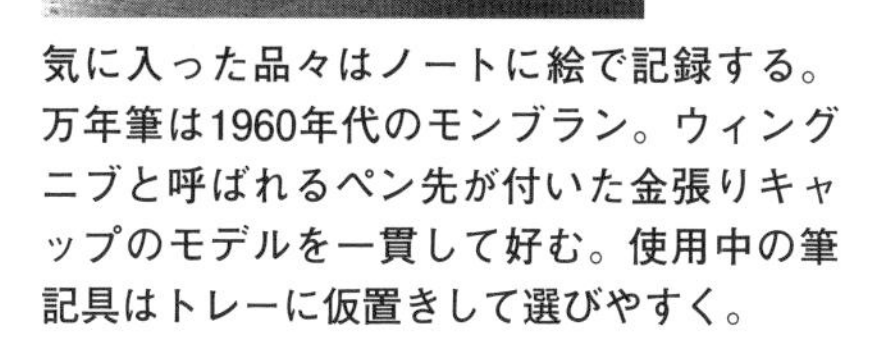

気に入った品々はノートに絵で記録する。万年筆は1960年代のモンブラン。ウィングニブと呼ばれるペン先が付いた金張りキャップのモデルを一貫して好む。使用中の筆記具はトレーに仮置きして選びやすく。

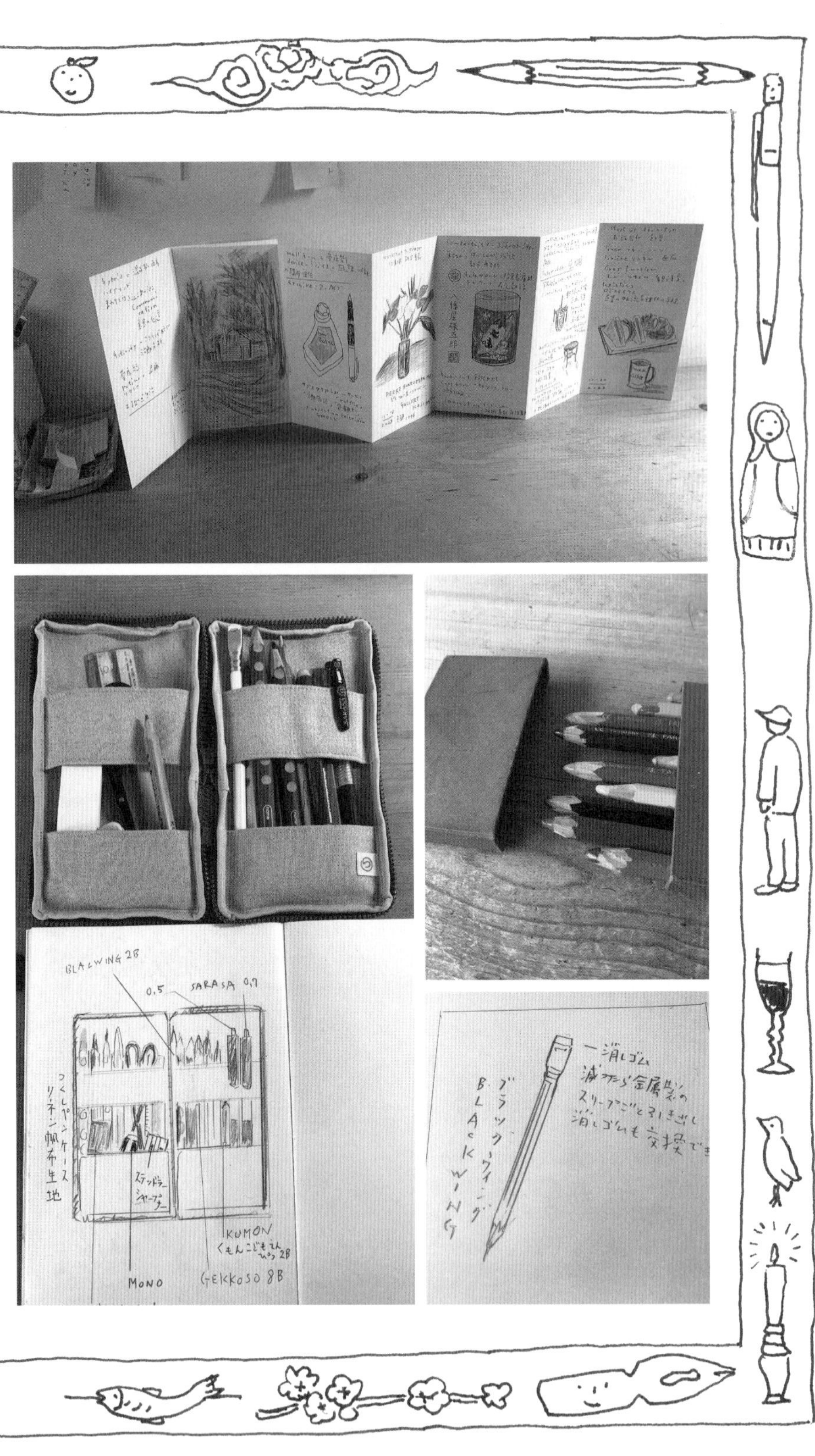
BLACWING 2B
0,5
SARASA 0,7
つくしペンケース
リネン帆布生地
ステッドラー
シャープナー
KUMON
くもんこどもえんぴつ 2B
MONO
GEKKOSO 8B
消しゴム
減ったら金属製の
スリーブごと引き出し
消しゴムも交換でき
ブラックウィング
BLACKWING

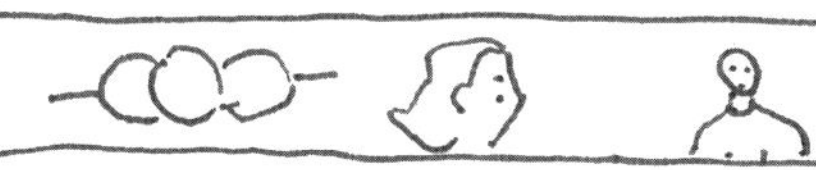

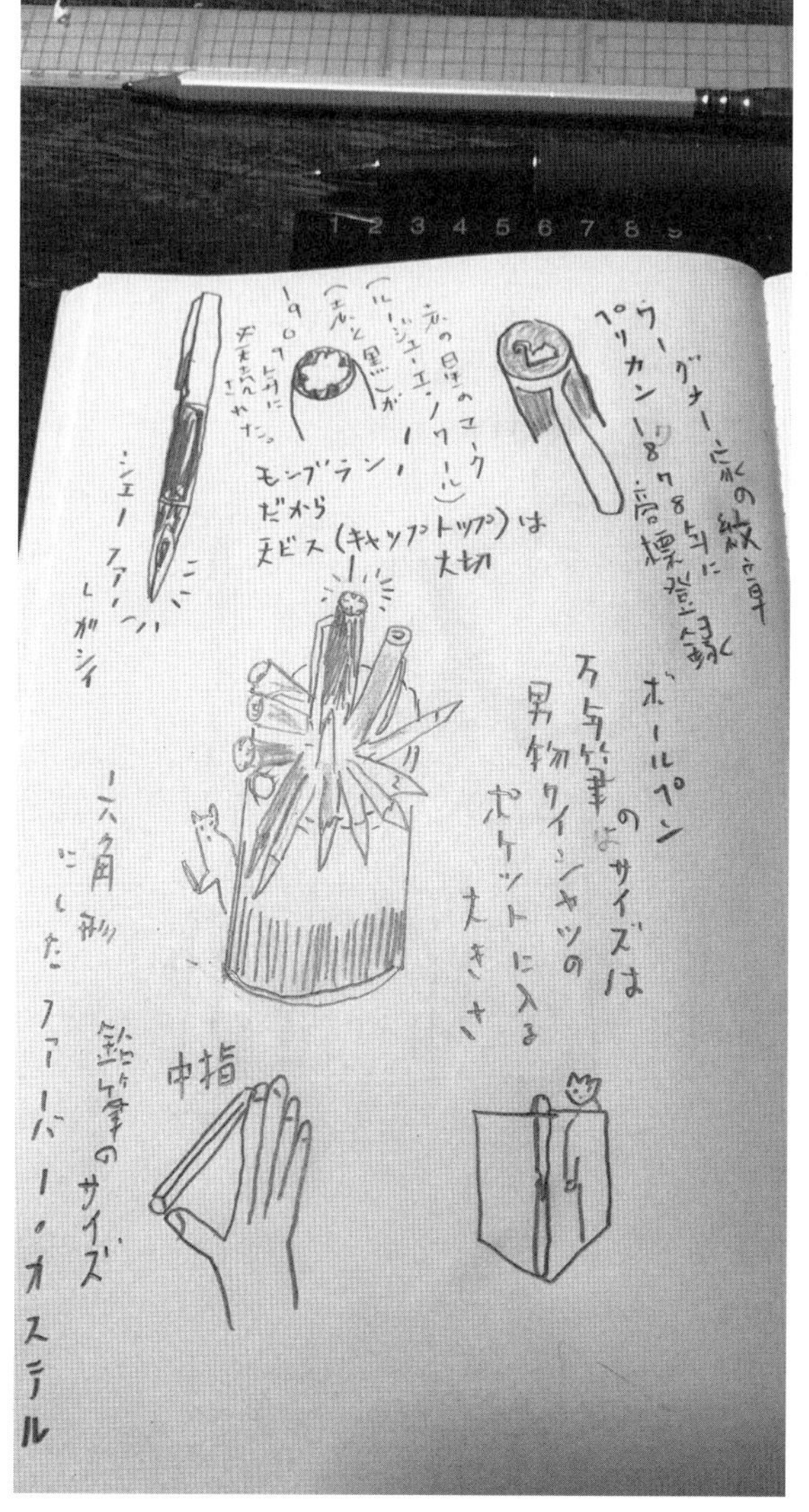

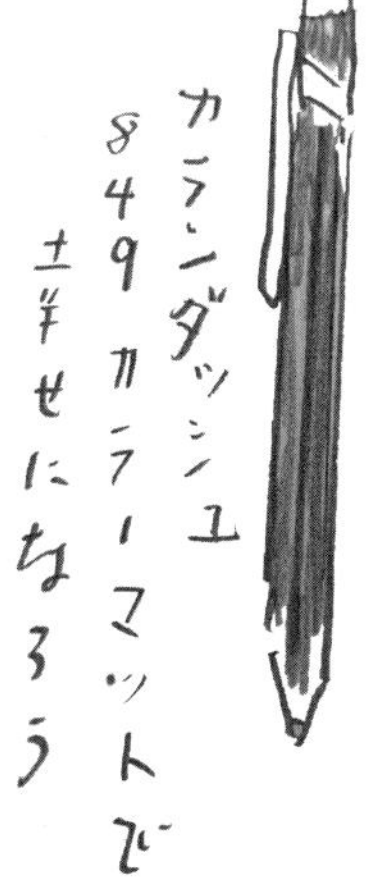

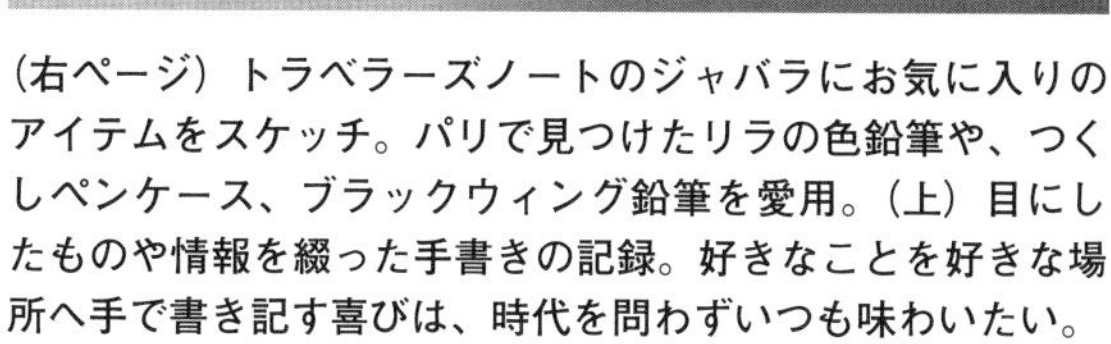

（右ページ）トラベラーズノートのジャバラにお気に入りのアイテムをスケッチ。パリで見つけたリラの色鉛筆や、つくしペンケース、ブラックウィング鉛筆を愛用。（上）目にしたものや情報を綴った手書きの記録。好きなことを好きな場所へ手で書き記す喜びは、時代を問わずいつも味わいたい。

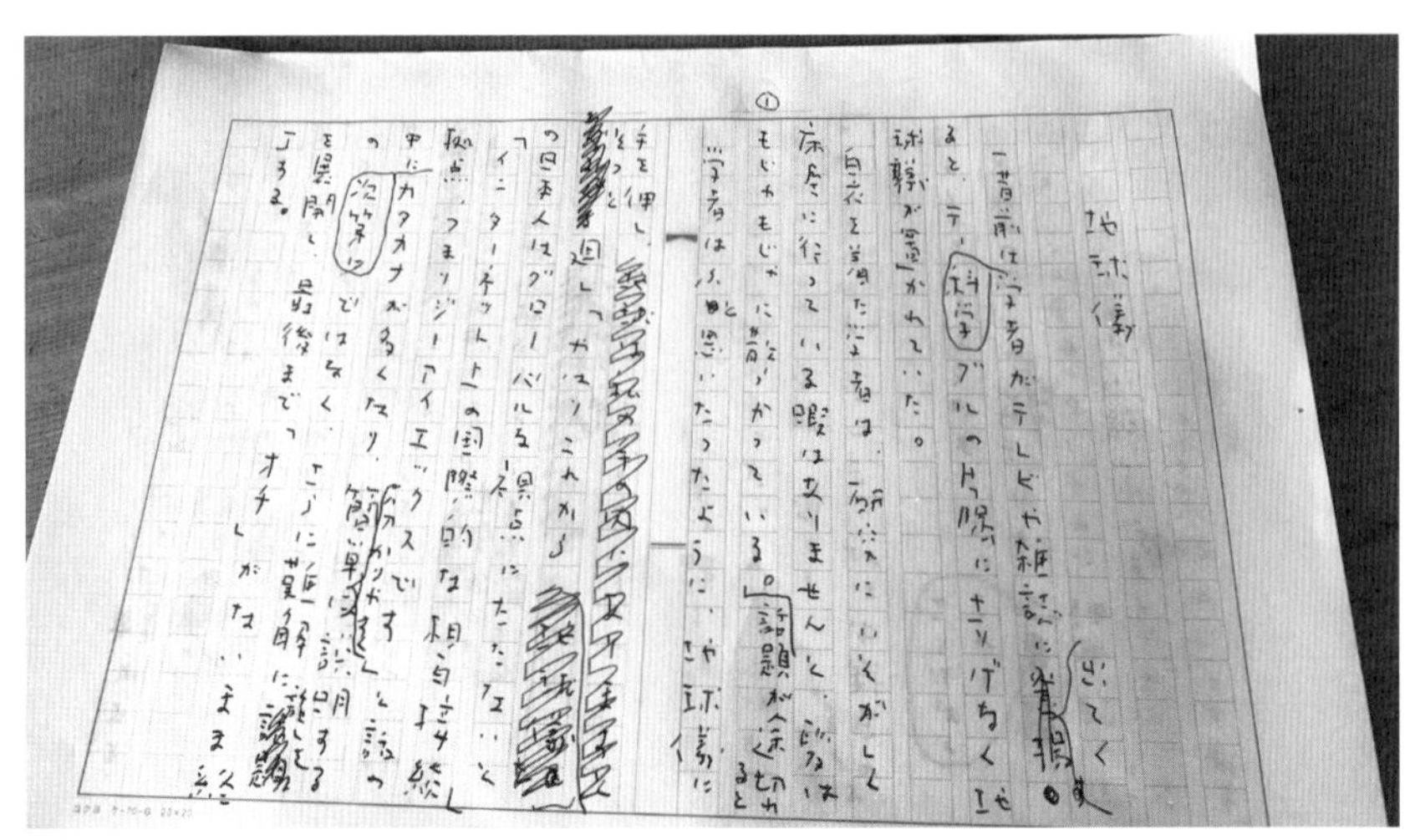

（上）執筆原稿。コクヨの原稿用紙に万年筆で書く。原稿用紙は枡目（ますめ）で文字数を把握しやすく、消した文字にも思考の経緯が残る。（左）文房具や資料を広げたアトリエ。仕事を終えたらすべて片づける。（右）新たなものを見つけるたび、加えてしまうルーペ。

まえがき

人は生まれて哺乳瓶を離し物心がつくと、蠟石（ろうせき）・クレヨンなどを手にし、その後何十年と文房具と関わり、終焉が迫ってくると遺言状を書き、亡くなるまで筆記具に寄り添ってゆく。これほど長きにわたり付き合いが続く文房具とはいったいなんなのだ。

初めて「それ」を手にした幼児の頃に、何を思ってそうしたのかは忘却の彼方だが、石塀に当てて滑らせて線を描いた。描く場所はどこでも良かった。白壁だったり、床だったりしたのち、ようやく「紙に描くといい」と覚えた。線はやがて象形文字に近づき、言葉を知るようになると、筆記具と紙は自分の考えたことを示す道具として機能しはじめた。

学校に通うと手にする文房具は多岐にわたり、気乗りしない宿題にも取り組まなければならない。そんな時には、鉛筆をうっとりするほど削ったりした。

試験の答案用紙の、よそよそしくも滑らかなコーリン鉛筆の書き心地。

筆箱にピタッとしまえる消しゴムと三角定規。

書道での墨の厳かな香り。

ボールペンで書き記す申請書。

ダンボール箱に書いた油性マーカーの太い文字。

好きな人に宛てて書いたパイロット万年筆の手紙。

電話のメモの乱暴な走り書き。


人生にはいつも文房具があり、心の一部となっている。

普段は気にとめることのない文房具でも、ジジイになってくると円を描くためのぶんまわし（コンパス）をしみじみ眺め振り返り、「これはなんのために役に立ったのだろうか」と遠い目をする。そしてダルマストーブの小学校の教室を思い出す。

今では使われなくなった文房具を探ると、かなりあるはずだ。だがそんな一つ一つが愛おしく、切なく、やがて自分を育ててあげてきたのだと気が付く。

ジジイになっても、旅に出ると文房具店についつい出向いてしまう。それはきっと生きる力、燃え上がる芯がまだ残っているからである。

異国の旅先のパリで、自分の使うものと同じユニ鉛筆が売られているのを見ると、同胞に巡り合えたかのように心強く感じ、また、見たこともない中国製の銘柄の無地のノートを目にすると、思わず旅の記録を万年筆や色鉛筆で綴ってみたくなる。

旅先のショーケースや陳列棚で、あるいはホテルでスケッチ帳に没頭する机の上で、さらに移動中の鞄のポケットで、ただ静かに佇みながら文房具は新たな世界へといざなう。

そして今日も気に入ったガラスペンを手に取り、何かを書き記さずにはいられない。

文房具は「沈黙は金、雄弁は銀」そのものを教えてくれる。

沢野ひとし

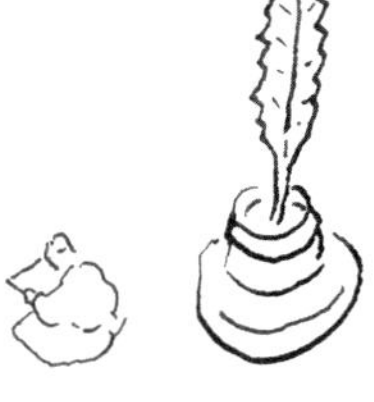

目次

まえがき　5
万年筆に思いを託す　12
ヴィンテージの万年筆の彼方　26
地球儀のいざない　40
ハサミに挟まる　48
文房四宝（ぶんぼうしほう）　54
シャープペンシルは永遠不滅である　64
消しゴムに滅びゆく美学を見た　74
書斎の歴史アーカイブ　84
色褪せた分度器　90
佐野洋子さんのボールペン　98
ガラスペンに夢を託す　108

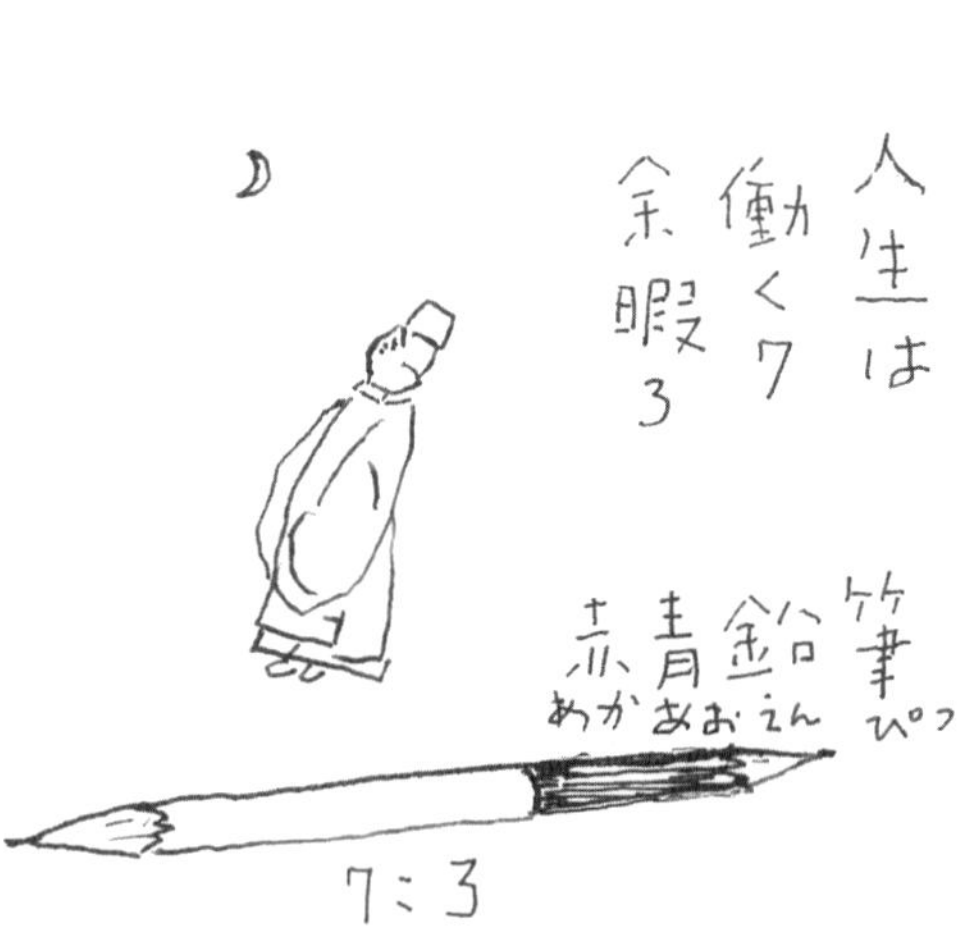

人生は
働く7
余暇3

竹
赤青鉛筆
あかあおえんぴつ

7：3

電子辞書にすがる 118
軽井沢の別荘と巻尺 132
鉛筆削りにすがる 144
パリに恋して 154
夢見る手帳 168
枯れないジジイの愛 178
小さな文具店を見つけよう 190
あとがき 202

コラム

ヘミングウェイと万年筆 25
美しい文字とは その1 38
インクの話 39
文房具依存とは 63
ヤマト糊と手作りの本 82
哀愁のダブルクリップ 83
欲望のルーペ 96
愛する書見台を求めて 97
作家と文房具 117
マックス10号氏との対話 130
美しい文字とは その2 143
絵を描くための文房具 153
ファイルは人を表す 167
いつも付箋 177
ジジイのiPad Pro 12.9インチ 189

装丁　南伸坊

ジジイの文房具

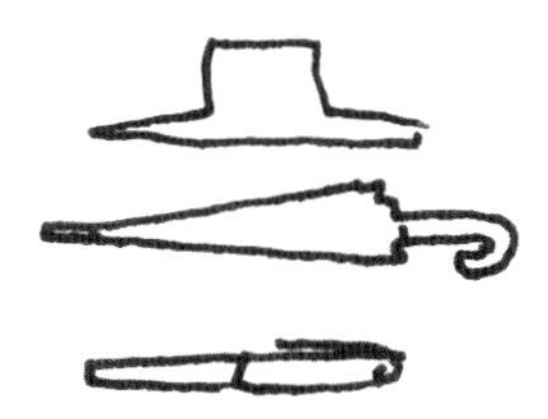

沢野ひとし

万年筆に思いを託す

万年筆は筆記具の中でも、そうやすやすと心を開かない。一筋縄ではいかず、まず手こずる。

鉛筆、シャープペンシル、ボールペンと比べると、素直にこちらの思い通りに動いてくれない。

いくら高級な万年筆でも、インクがないとただの棒である。そのインクも黒、青、人によっては茶、緑とインク沼にはまる。さらに紙との相性もあり、インクがするする出るなと思えば乾きが遅かったり、インクの吸い込みがいいなと思えば紙の裏側にインクが抜けていたりと、両者の関係はややこしい。

だがパソコン、タブレット、スマホの時代になっても、紙に染み込んでいくインクが愛しいと宙に目を泳がす輩（やから）がいる。同類の筆記具と少し離れた位置に万年筆は常に待機している。万年筆は社会に背を向けて、孤独を楽しむ傾向が強い。「ほっておいてくれ」が口癖のようだ。

よって、万年筆は群れない。人里離れた山の街道をひとり進む北斎、

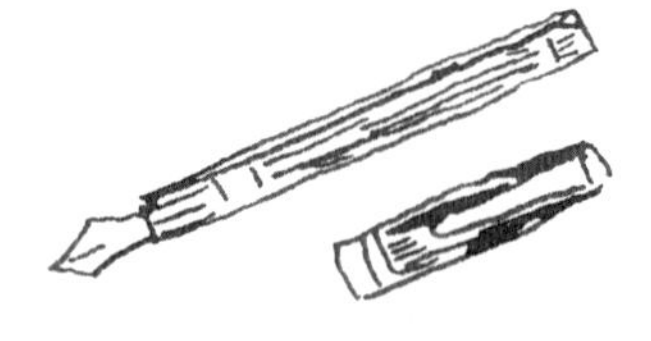

ひたすら歩く芭蕉、無常を感じた西行、旅と酒の牧水、各地を遍歴する山頭火にも似て、万年筆は生まれながらに放浪漂泊、流れ者の雰囲気をまとっている。

とにかく万年筆は管理束縛されるのが苦手である。インクもペン先も紙も自由に選び、働くが遊びも満喫したいと我がままだ。

現代の万年筆の原型である、軸の中にインクを蓄える方法は、今から二百十数年前の一八〇九年にイギリスのフォルシュが発明して特許を取った。

一九世紀初頭から万年筆はロンドンを中心に発展し、一九世紀末にはニューヨークに渡って、さらに進化していった。

一八八三年にルイス・エドソン・ウォーターマンによって毛細管現象を応用した機構が作られた。一八八九年にはペン先に密接するペン芯の角溝の両側に細い切り込みを入れることにより、インクの流れが安定し、ボタ落ちもなくなった。

金ペン（金が使われたペン先）付きのファウンテンペン（万年筆）は、明治の文明開化と同時に日本に渡来した。明治中期から大正初期にかけ

文字は上から下へと縦に
日記も縦書きで涙ぐむ

て、丸善からウォーターマン、ペリカン、ドラゴン、カウスといった万年筆が店頭に並び、その後イギリスのスワン、アメリカのパーカー、シェーファーなどが商社によって輸入される。当時の文化人、知識人はこぞって付けペンとは違った便利な万年筆を手にするようになった。

私が初めて万年筆を見たのは、兄が都立高校に合格したお祝いのパイロットの万年筆であった。いつも反目していた父から万年筆とインクのセットを贈られた兄は、困惑の顔をしていた。それでも大事にして、使い終わると机の上のケースにしまい、厚紙で保護された青インクの瓶も使うたびその通りに戻し、決して万年筆を外に持ち歩くことはなかった。

万年筆での兄の字は乱れることなく、丁寧で整っていた。私は兄の鉛筆の字も好きであったが、万年筆の字は手本にしたいぐらい綺麗であった。私は書き急ぐ癖が直らず、字が四方八方に年中躍っていた。

兄は万年筆がよほど気に入ったのか、ペンを握りしめたまま長い間見つめている姿をよく目にした。兄の英文のローマ字もバランスが取れていて、固有名詞の頭の大文字はまるでデザイン印刷されたカリグラフィ

ーそのものであった。吸入式でインクを吸い上げるのだが、決してペン先をチリ紙で拭いたりはせず、やはりじっとインクが乾くまで見つめていた。

やがて兄は私立の医学部を受験した。三次試験まであり、二次まで合格し、あとは面接のみであった。面接で落ちる生徒はめったにいないと言われていたのに、兄は落ちた。

原因は、その思想にあった。六〇年の安保闘争の前の年だったので、大学側は緊張していた。「日本は米国に従うことはない」が兄の持論だったのだ。面接の時に注意をしていたが、試験官の誘導につられて、つい本音を口にした。ペーパー試験はほぼ完璧に通過したのに、面接で不合格の通知を受けた。その時の兄の落胆は大きかったはずである。狭い部屋に閉じこもり、いつも万年筆をぼんやりと見つめている背中が寂しそうであった。そして酒に酔って泣いている姿を初めて見た。

一年浪人して国立大学に入ったが、安保破棄の学生運動に明け暮れて、ほとんど大学の寮に泊まり込みの兄であった。

たまに家に帰ってきた時に万年筆のことを尋ねると、もうすっかり忘

れてしまったのか「デモの時にでも失（な）くしたのかな」とケロリとした顔をしていた。

兄は字がうまいので、学内のアジビラのガリ版刷りに動員されて忙しかった。万年筆とは遠く離れた鉄筆（てっぴつ）と謄写版（とうしゃばん）で力を発揮していった。

万年筆というと筆頭にモンブランの名が挙がる。あの例の山頂の雪のマーク、六角形のブランドシンボルマークがあたりに「万年筆の最高峰」という威圧感を与えている。

確かに一九二四年に発売されたマイスターシュテュックには重厚感があり、一九五二年に登場したモデル、１４９の黒いボディを取り巻く、三連の輝くリングを中心にしたデザインは、その後の万年筆の形や設計すべてを造りあげた。

書き心地や手にした時のバランス、握りやすさ、モンブラン山の標高「４８１０」が刻印されたペン先のしなり具合、紙に触れた時の滑り、インクの吸入機構と申し分がない。文豪、画家、音楽家、さらに多くの万年筆の愛好家から賞賛された。

私が記念すべき初めてのモンブラン万年筆を買ったのは、京都丸善書店であった。店頭できらめく万年筆を見た時、すでに舞い上がっていた。だがその時の財布の中は厚く気持ちに余裕があり動揺はなかった。二十歳を過ぎた生意気盛りの若造の頃であった。

　京都市と滋賀県大津市の境にある、比叡山の頂上でアルバイトをしていた。一九六八年前後に各地でＦＭ放送を流しはじめ、その電波送信所の空調設備の建設に参加していたのだ。大手のプラント会社の下請けが工事を請け負っており、そこで働いていた。

　求人広告のアルバイトの応募条件には「登山経験者」と書かれており、うってつけだった。「登山」の一文が気になり電話を入れると、担当者は実に暗い口調で「山の頂上のＦＭ電波送信所に寝泊まりするので、寝袋もマットも持参」と言った。

　そして私は比叡山に向かうために、巨大なザックに石油コンロや寝袋を入れて京都駅で下車した。勤務内容は、空調に使う製品運搬や機具の前に立っての泥棒避けである。また送信所に泊まり、実験段階の空調テストの見張りでもあった。送信所では年間の温度と湿度管理が厳密に定められていた。

山に登りながら法外なアルバイト代がいただけるとは、願ったり叶ったりであった。頂上の送信所に深夜に機材や夜食を届けたり、石油コンロでコーヒーを沸かしたりと、自分でも楽しみながら熱心に働いていた。

その時に一緒にいた技術者たちの真剣な眼差しに、仕事を担う責任感の強さを見た。深夜まで息を抜くことなく働く姿に、身震いする思いを何度も経験した。たとえば工具を片づけて床を掃いたあと、さらに小さなシュロを束ねたホウキを手に、まるであたりを嘗めるように這って小さなビスひとつも見逃さない。それも毎回であった。

山から下りると、いわゆる商人宿に泊まるのだが、夕食のあともテーブルの上に図面を広げ、深夜まで首を揃えて検討していた。気持ちが張り詰めているのか、いっさい酒を口にしないのにも認識を新たにした。

二十日間ばかりで工事も終わり、アルバイト代を手にした時、封筒がずっしりと重く手応えがあった。

めったに笑顔を見せない主任が「せっかく京都に来たのだから、泊まって見学して帰ったら」と言い、「キミはよく働いてくれたから奮発してボーナスを付けておいたからな」と涙が出るようなことを言ってくれ

た。

山から下りて、京都の西陣界隈の民宿に三泊ほど宿泊し、念願の寺院巡りをして帰ることにした。泊まった民宿ではおかみさんから「時間厳守」をやかましく言われた。

朝食の七時、夕食の六時に一分でも遅れると、お盆をすぐさま食堂のテーブルから下げると宣言された。さらに部屋に入ると門限は夜の八時で、その後は玄関の鍵も閉め、電灯も消灯と、和紙に墨書で大きく書かれていた。

「えらい宿に来てしまった」とおののいたが、京都の水道水は東京のカルキ臭さとは雲泥の差があり、清らかに体の中に流れる。食事も豪華で、豚のロース角煮、鯛の煮付け、京野菜の漬け物、東寺ゆば、大徳寺麩、若竹煮と並ぶ。

そしてなによりも丸善で買ったモンブランの万年筆が心の支えであった。卓袱台（ちゃぶだい）に丸善の原稿用紙、ノート、万年筆、現代詩集を置くと、なにやら京都に隠遁（いんとん）した文学青年そのものになってくる。

京都の町は碁盤の目のように道が揃い、わかりやすかった。上（アガ）ル、下（サガ）

ルを覚えて一日歩くと、おおむね町の地図が頭に入る。

宿から出て平屋の黒い屋根瓦の細い路地、そして三条大橋の下を流れる鴨川、遠くに鞍馬山。盆地だけに、春とはいえ「京の底冷（そこびえ）」と呼ばれて朝夕は寒かった。ただし丘陵に囲まれた町は、都市としてのまとまりが良く、そのうえ古本屋、レコード店、喫茶店が多く、初めて来た旅行者にも「はんなり」した和みを感じさせる。

京都丸善は品揃えが豊富だ。和書、洋書、一流品を揃えた文房具、二階のカウンターの喫茶室と、足を運ぶたびに大人になっていくようだ。

文庫コーナーの本棚には、黄色いレモンの形のプラスチックのオブジェが飾られていた。梶井基次郎の「檸檬（れもん）」の舞台となった丸善である。その作品は珠玉の短編と言われるが、私には繊細すぎて心の琴線に触れることはなかった。

アルバイトで手にした金額は、まずは高い画集に散財した。今までは絶対に買うことができなかった、北川民次、川上澄生、谷中安規などの重く、二重のケースに入った画集を迷うことなく買い入れた。

宿に戻り、谷中安規の墨一色の絵を模写している時、そのまがまがし

1878（明治11）年
丸善インキの陶製容器

BLUE BLACK
キンイ善丸
MARUZENSHA

い何か不吉そうな絵の虜（とりこ）になり、時間の経つのも忘れていた。

そしてついに、文学青年なら誰もが憧れるモンブランの万年筆を手に入れたのである。まばゆいショーケースに入った万年筆は、それは高価であった。たしかその頃の小学校教員の初任給が二万五千円ぐらいであった。大工さんの日当で三千円前後であった。だが私が手にした万年筆は、一万六千円もした。さらにもっと軸が太いモンブランにはめまいがするほどの値段が付けられており手が出なかった。というより、文豪のイメージが強すぎて二十歳前後の小僧が持つものではなかった。そんな中で中間に当たる万年筆を買うことにした。国産の万年筆と比べて、二、三倍の値が付いていた。

ペン先はいくらか太めが気に入った。それまでモンブランの万年筆の知識はまるでなく、万年筆の品番など女性店員に言われても、舞い上がっている者には一切頭に入ることはなかった。店員は「この山形リングがあるモンブランはしなやかなペン先で、こうして並べた中でももっとも書きやすい万年筆です」と太鼓判をおしてくれ、受け身のままに買った。帰りにモンブランのブルーブラックのインクと、丸善原稿用紙を袋に包んでもらった。「MARUZEN」と青いロゴの入った紙袋を提げて歩いている時、なんだかわからないがひとり優越感に浸り、京都の町を反り身になって歩いていた。その後、万年筆にどんな事態が起こるか、まったく予想していなかった。

外に出る時には、小型のザックに丸善ノート、市内地図、スケッチブック、万年筆を入れて、まずは早朝から開店している千本今出川の交差点の古い喫茶店「静香（しずか）」に入り、その日の行動を確認する。西陣の場所柄、地元の人の一服の場になっており、新聞を広げるひとりの客も多い。

香り高いコーヒーを手に、文学青年気分に浸りながら、小説や詩が浮かんでくる気分になれる。モンブランの万年筆のインクの流れ、ペン先のしなりと、文字を書いていると心地良い。中原中也の詩をノートに写して、小さな声で音読していると、その抒情性にうっとりする。

京都市内はどこでも歩いて行けるので、便利なことこの上ない。さらに古道具屋、楽器屋、細い路地裏にも風情があり、どこからともなく春の花の甘い匂いが漂ってくる。

金閣寺、大徳寺、北野天満宮、下鴨神社、鴨川のほとりと、毎日ひた

すら歩いていた。京都は奥深く、しみじみとした旅情がある。愛おしい心、町の熱が過剰に乗り移ってくるようだ。

　だが、そういう安直な文学青年の結末はこうだ。


　最後の日に三条大橋で円山公園の方を見つめていた。東の暮れてゆく山並みをぼんやり眺め、スケッチブックに青いインクの万年筆で、旅の記念に絵を描いていこうと思った。

　ザックに入ったケースからモンブランの万年筆を取り出し、キャップを後ろに挿して、いざ描き出そうとした瞬間、

「あっ」

　手から万年筆が滑り落ちてしまった。しかもキャップだけを残し、本体は鴨川の渦巻く流れに消えてしまったのである。

　頭に一瞬よぎったのは、「身分不相応」「逃がした魚は大きい」という言葉だった。

　体から力が抜けていくのがはっきりとわかった。そして、夕食の時間であると我に返り、心が乱れて、とにかく三条通りを走るタクシーに手

を上げた。まだ肌寒い夕暮れなのに、汗がびっしょりであった。

千本今出川でタクシーを降りると、短距離選手のごとく前かがみになって狭い路地を走って行った。玄関のドアを開けると、時計は五時五十分であった。

おかみさんが仁王立ちで立っていた。

「うちはそこらへんの宿屋やおへんから」

百文字コラム

ヘミングウェイと万年筆

文房具に思いを馳せる時、作家の存在は大きい。文豪の研ぎ澄まされた感性にならいたい。

香港でヘミングウェイに出会う

三十年前に中年不良と香港へ行き、友人がモンブランのヘミングウェイの名を冠したボールペンを買った。「この万年筆も貴重だよ」と言われたが、静観した。その通りに希少品となり、万年筆を買わなかったことを後悔した。

ハバナのヘミングウェイ

ヘミングウェイが『誰がために鐘は鳴る』を執筆したキューバのホテル・アンボス・ムンドスの狭苦しい部屋を後に訪れて、衝撃を受けた。窓からはハバナの町が見え、「こんなに狭い部屋で名作を書いたのか」と胸を打たれた。

狭い書斎で書くという覚悟

我が家からほど近い所に、白洲次郎・正子の自宅がある。広い邸宅なのに、白洲正子の書斎はこれも驚くほど狭く、机の前には白い障子があった。そっと開くと、苔むした丸い岩石の崖が現れた。作家魂を間近で見た思いがした。

ヴィンテージの万年筆の彼方

京都の鴨川に買ったばかりのモンブランの万年筆を落としてからは、万年筆とは縁がないものとあきらめていた。その後はカランダッシュのカラフルなボールペンを愛用していた。鉛筆に似た六角形のボディが手にしっくり合った。

就職した児童書出版社・こぐま社で、社長の机の上に木の筆記具入れがあり、そこにはいつも二本の万年筆があった。珍しいバーガンディー色のモンブランと、時代を先取りしたごとくのペン先が象徴的な、シェーファーのレガシーヘリテージが輝いていた。

何かの折に万年筆のことを尋ねると、神保町の金ペン堂で購入したと言った。そして「出版人は自分に合った万年筆を持たなくてはいけない」と穏やかな声で話してくれた。派手な贅沢品は身につけなかったが、コートやマフラー、カバンは日本橋の丸善で選んでいた社長だった。

これまでの経験から、自分に合った万年筆を選ぶことは案外難しいと感じる。売場のショーケースの上で試し書きをする時は、ほとんど立った姿勢で書く。そしていざ自宅の机の上で座って書くと、「あれ、どうもペン先が立っている」と違いを感じ、その後の不安感が頭をよぎる。ついては、やがて使用されなくなってしまう。

また、万年筆売場のペンはインクが入った状態ではなく、インクボトルにほんの少し浸けて書く。これが自宅に戻ると万年筆にたっぷりインクを補充して書くので、その流れ具合に戸惑うことが多い。

さらに使用する紙によっても、インクの吸い込み方が異なる。厳密に試すには好みのノートや原稿用紙を風呂敷やカバンに入れて、万年筆売場でうやうやしく取り出し、さらに近くのイスに座って、机の上で「私は偉大な作家になる」という心持ちで「8」の字を何度も書くことである。

だがこういう行為をする人が手にするべき万年筆は、モンブラン・マイスターシュテュック149かペリカン・スーベレーンM800でなければならない。あれこれ触り、「ではまたいつの日か」とすげなく帰ると、迷惑行為として警察に通報されるかも知れない。

銀座一丁目のたいそう古いビルで、美大出の画家の個展があった。パリに長いこと滞在し、二十年ぶりに日本に帰国した画家である。案内のハガキを手に興味津々に覗いてみると、狭い会場には昼間というのにすでに酒の匂いが充満していた。

敬遠しながらおそるおそる油絵に近づくと、松本竣介風の絵であった。孤独な心象を託した、冬のパリの風景がそこにあった。

ハガキ大の絵には、バーバリーコートほどの値段がついていた。うなだれてビルから出ようとすると「ヴィンテージ万年筆　ユーロボックス」の文字が後追いして目に入り、気になった。

パリに見られるような小さく古いエレベーターで四階に上がり、そっとドアを開けると、壁一面に古い万年筆がずらりと展示されていた。

私はそれまでヴィンテージの万年筆を売っている店はまったく知らなかった。骨董品の店や質屋のショーウィンドーに太いモンブランの万年筆を見たことがあったが、メンテナンスされていないペンはトラブルの原因になるので、見向きもしなかった。

万年筆は飾り物ではない。書けなければ意味がない。棚にあるまばゆ

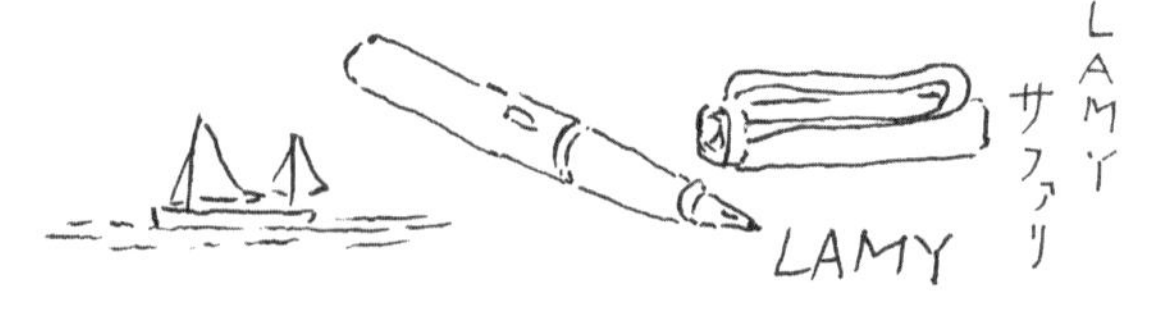

い万年筆を見ていると、少し酒を控えれば買える値段に思えて安心した。下の画廊の絵の値段の三分の一である。

せっかくの機会だからと本格的に眺めはじめると、まずはペリカンとウォーターマンの万年筆に目がとまった。そして体をじわじわ移していくと、モンブランで足がぴたりと止まった。「万年筆はモンブラン」とこれまで刷り込まれており、その呪縛からいまだ解き放たれていない。

「あっ」

京都で失くした山形リングのペンがそこにあった。あれからすでに三十年は経とうとしていたが、そのペンを見た途端まるで故郷に立ったように懐かしく、気持ちが高まる。買うしかなかった。

ペン先はBを選んでもらった。ふわふわとやわらかく、インクフローも安定している。

若い主人は言った。

「そのペンはモンブラン14、ウィングニブといいます。六〇年代にもっとも人気の高かったペンで、今でも置いておくとすぐに売れてしまいます」

私は尋ねた。

「万年筆の修理はしていただけますか」

「もちろんです。期限はありません。うちで購入いただいたペンは、一生保証します」

軸が細い方は12番、そしていくらか太い軸は14番といい、書き味とバランスは二本とも良い、と主人は絶賛した。

ボディが黒の12番とグレーの14番を思い切って買った。それまで新品のモンブランをあれこれ買っていたが、どれもペン先が硬く、結局人にあげていた。六〇年代の書き味は、ユーロボックスの主人が言う通りやわらかく、満足のいくものであった。

主人の言葉には説得力がある。六〇年代のモンブラン二桁台の万年筆が圧倒的に人気が高いのは、やはりペン先が日本の文字にしっくり合うことにある。トメやハネがぴたりと決まる。ワープロやパソコン時代に入っても、この二桁シリーズは棚に並べているとすぐにはけてしまうそうだ。そう言う主人の言葉は熱っぽい。その主人の名は、藤井栄蔵さんといい、若い頃に丸の内の外国人記者クラブのバーで働いていたので、そこで英語を身につけたそうだ。だから海外での万年筆の買い出しもスムーズにいく。

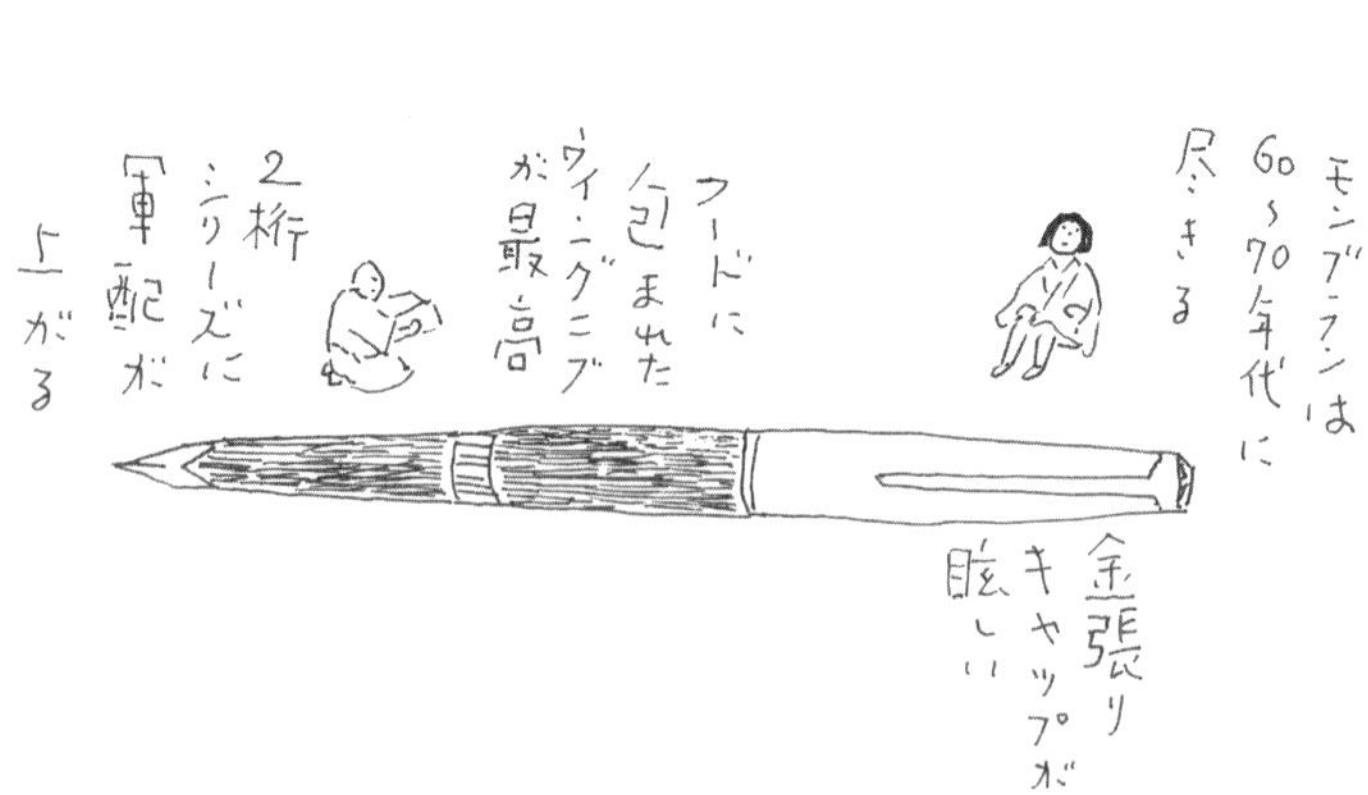

しばらくしたある日、モンブラン12番のペンのインクを入れる回転吸入機構からインク漏れがあり、修理を頼むために銀座一丁目に出かけた。藤井さんと久しぶりに会う。

「部品がありますから、すぐに直ります」

さらに14番のペン先のインクフローを、ほんの少し絞ってもらうことにした。藤井さんは万年筆を長く使うコツを伝授してくれた。

「半年に一回くらい、ペン先を水で洗ってください」

「ぬるま湯にしばらく浸けてください」

その時に、どんなことがあろうとも絶対に万年筆を分解したり、ペン先をペンチなどでいじくったりしないこと、といくらか渋い顔をして藤井さんは言った。おそらく多くの客がよくわかりもせずに自分勝手に分解して、バランスを崩してしまったペンを見てきたのだろう。

私は横にあったモンブランの金張りキャップのペンが、じわじわ気になっていた。ウィングニブのモデルは12、14とあり、金キャップになると、72、74と型番が変化する。渋く、鈍く尖る金色に引き寄せられる。

藤井さんはこちらの気持ちを察して、ボディがバーガンディー色の金

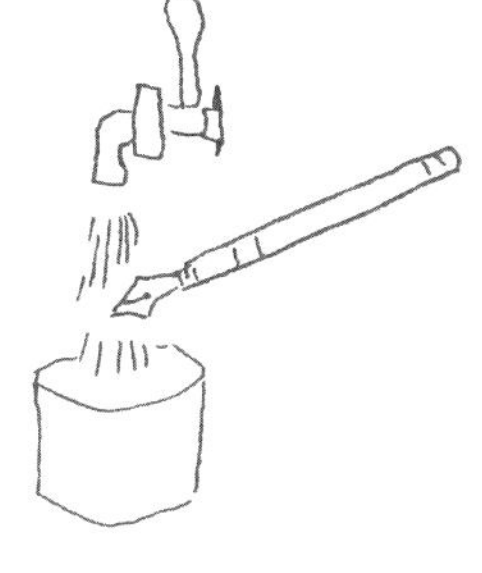

すべてを
水に流す

キャップ72と、黒の金キャップ74を静かに置いた。無言で藤井さんとしばらく目を合わせた。

「このバーガンディーの金キャップはめったに出てきません」

「めったに」が後押しして、こちらはあっけなく崩れ、もう一本の金キャップも手にする。

　モンブランの二桁シリーズ、それも金キャップは人を惑わせ虜にする。特に赤いボディと金の組み合わせには上品な輝きがあり、門外不出といえよう。

　ユーロボックスが扱う筆記具は、万年筆だけではない。その後お世話になったペンは、モンブランの金キャップ・グリーンのペンシル、ペリカンのペンシルと続く。ペンシルとは、黒鉛芯が使われた筆記具を指し、ここではシャープペンシルを意味する。特にユーロボックス特注の「特製４Ｂペンシル芯」は、使う人の気持ちが充分にわかっており、やわらかく濃く、愛用者が多い。

　他にもまだいろいろ購入したが、末梢的な事柄なので省く。

ヴィンテージの万年筆、それも六十年前のペンが、今も何のトラブル

もなくさらさらと書いていけることに感心する。京都で紛失したペンが、今も横にいて蘇り、さらにそのモンブラン仲間も元気に肩を組んでいるのだ。

私にとって六〇年代モンブランのウィングニブは、過ぎ去った青春時代を思い出させてくれる。比叡山の送信所のコンクリートの底冷えする床にマットを敷き、何日も寝袋にくるまっていたあの頃の夜のこと。今も耳に残っている頂上の風の音。あの頃は、何を考えていたのだろう。時々不意に思い出す。

すっかりジジイになって、あらゆる欲も薄れてきたが、モンブランのペンを手にすると「あと少し頑張ってみるか」と、ペンが応援し後押ししてくれる。

さらにこれまで敬遠していたモンブランの146が、ある知人から送られてきた。使用してみると、インクフローが強く、きっと物書きの彼はサインの時だけに使ったように思えた。

ユーロボックスに相談すると、「見てみましょう」と藤井さんからの返事があった。他で買ったペンでも修理をするが、料金はいただきます

とすまなそうな声で電話口で笑っていた。

いまだにパソコンで原稿を書くことができないジジイは、原稿用紙にすがりつくしかない。

この十年間はコクヨのＡ４判、罫が薄い草色の四〇〇字詰めを使用している。本当はもっと大きいサイズのＢ４を使いたいのだが、ＦＡＸの対応機種がなくなり、Ａ４判で我慢している。

それまでの万年筆の字幅は、太いＢのペン先がインクフローも良くて愛用していたが、小さめの原稿用紙となると、ペン先もＭなどの中字に戻る。

ひと月ばかり経って、ユーロボックスから丁寧に梱包されてプラスチックケースに入ったペンが届いた。筒に薄い紙にくるまれた１４６が、いくらか輝きを増して戻ってきた思いがする。

これまで何度か宅急便でペンが往復したが、当然だがトラブルは一度もない。梱包の箱を開けるたびに、その作業の仕方に「プロの仕事」という思いが募る。

調整された１４６は見事に生き返った。ペン先のガリもなく、それか

らはキャップを尻軸に挿さずに外した方が書きやすい気がして、そうしている。

七〇年代までの１４６はインクがたくさん入るのか、インク吸入で尻軸を回す数が少ない。自分の手に余る大きさと感じながらも、これまで１４６を触ることなく過ごしてきたことを後悔した。

とりわけペン先のしなりがたいそう気に入った。強く力を入れるとペン先が開き、自分の字が「うまく」なった錯覚を抱く。

「これは良い」と毎日のように使っていたら、指先が当たる首軸からほんの少し、インクが漏れるのか手に付くのであった。肉眼やルーペで見ても傷は見当たらない。「まあたいしたことはない」と少しぐらい手先にインクが付くのはやむを得ない、と使い続けていると、次第に手の染まりも大きくなってきた。

もう一度ルーペで見るが、その原因はわからない。こうなるとまた、銀座一丁目のユーロボックス病院に駆け込むしかない。

「実は七〇年代の１４６は首軸が弱くて、これまで何回か修理した」と

すぐさま藤井さんからの回答が入る。

「直りますか」

「モンブランの純正ではないが、予備の部品を用意してあるので、平気です。ついでにもう一度ペン先も見ておきます」と、ペンクリニックは頼もしい。

仮に他の店に持って行っても、年代が古く、おそらく放置される運命となるはずである。

そして146は戻ってきた。首軸と、ペン先の裏側にあるペン芯も交換され、インクフローはまたほんの少し絞ってあった。書き味はさらにアップした。そして気になっていたキャップの中の奥に、インクが付かなくなった。

以前はインクフローが良すぎるのか、キャップを外して尻軸に挿すと、手にインクが付くことがあったが、今回はこれも完璧に直り、何ひとつ文句の付けどころはなくなった。

146よりさらに太い軸の149については、兄というか父というか、自分には大きすぎる存在で、まだ買うことを控えている。藤井さんに相談すると「146あたりで止めておいた方が……」と、まるで私に

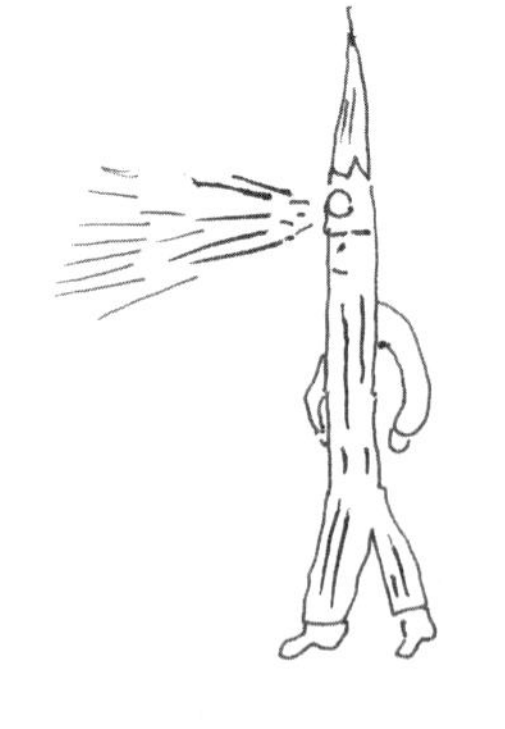

諭し言い聞かせるように話してくれた。

藤井さんの指針に従い、残り少ない人生を悔いなく粛々と生きていくことにする。


近年のモンブランは、万年筆というより高価な装飾品のような価格設定がなされており、万年筆ファンとしては落胆することしきりである。現行品についてはマイスターシュテュック146や149には手を出さず、ペリカンのスーベレーン、それもM600あたりがお買い得のように思える。

そんななかでいっそう、適切な修理が施されたヴィンテージ万年筆に愛着が湧く。ユーロボックスの藤井栄蔵さんには感謝しかない。

万年筆には人の情が乗り移り、味わい深い文字になる。

百文字コラム 美しい文字とは その1

美しい文字は人の心をとらえる。その美しさとは、書く者の心の姿勢が表れた文字を指す。

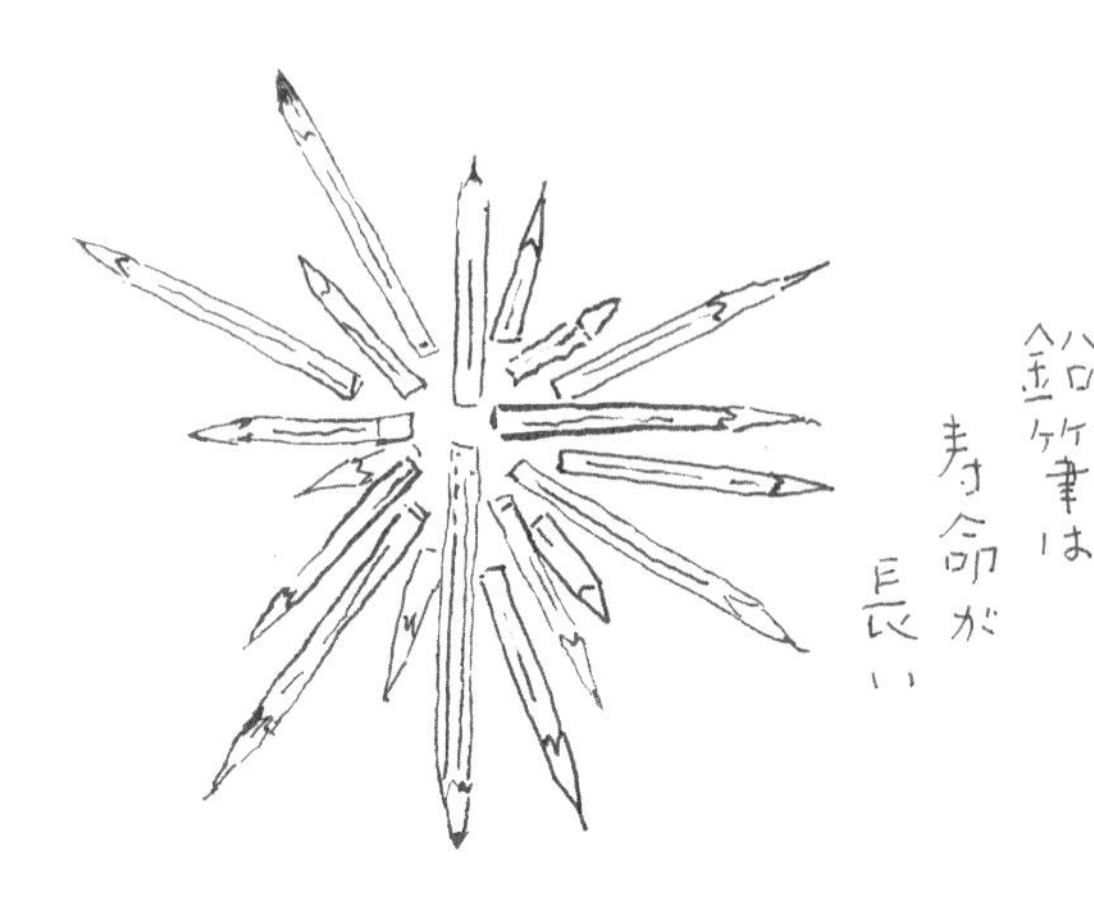

心を穏やかにする短い旅

年に数回、松本へ日帰りの列車旅をしている。女鳥羽川（めとばがわ）を渡ると古い建築物が多く残った通りがあり、歩き疲れてはコーヒーを一服する。松本城の近くにある旧開智学校の斬新な西洋風の木造校舎には、いつも見入ってしまう。

鉛筆の作文が時空を超えて語りかける

すでに二十数年前になるが、旧開智学校舎の二階に尋常小学校四年生の作文が展示されていた。原稿用紙は色褪せていたが、鉛筆で書かれた文字は昨日書いたのではと錯覚するほど鮮明であり、文字の美しさに心を奪われた。

文字と丁寧に向き合うことの大切さ

その場からしばらく離れられず、じっと凝視していた。書道家の會津八一（あいづやいち）が書く文字の手本は「新聞の明朝体活字」と読んだことがあり、なるほどとうなずいた。目の前の作文が、まさにその手本通りの文字だったのである。

百文字コラム

インクの話

近年色数の増えた万年筆インクは、付けペン人気に要因がある。両者使い分けて楽しもう。

ブルーブラックはパイロットという結論

万年筆のインクは、ブルーブラック党である。モンブランのミッドナイトブルーを長く使ってきたが、現在はパイロットのブルーブラックに着地した。原稿用紙もどこでも手に入るコクヨで、両者の組み合わせは安心できる。

万年筆に補充するインクはシンプルが一番

万年筆メーカーは「純正インク」を勧めるが、各社の万年筆を何本も隠すように抱え込んでいる人にはインクの数がとても追いつかない。昨今インクも高額になってきた。品質とコストパフォーマンスの高さで選ぶのが良い。

付けペン派はとことんインクに溺れよう

ただしインク沼にはまったガラスペン党の人は別棟と考えたい。大いに沼に浸り、思う存分飽きるまでインクの快楽に身を捧げてほしい。気分や四季に合わせて服装を変えるように味わうことを、インクたちも期待している。

地球儀のいざない

ひと昔前には科学者がテレビや雑誌に出てくると、テーブルの片隅にさりげなく地球儀が置かれていたものだった。

白衣を着た学者は研究に忙しく、床屋に行っている暇などありませんと言わんばかりに髪がもじゃもじゃに散らかっている。

話題が途切れると、学者はふと思い立ったように、地球儀に手を伸ばし、そっと回して曰く「やはりこれからの日本人はグローバルな視点に立たないと」。くるくる回る地球儀を横目にそんなことを言われると、こちらも思わず「そうだ納得できる」とうなずいてしまう。

学者は熱を帯び「インターネット上の国際的な相互接続拠点、つまりジーアイエックスです」などと話の中に次第にカタカナが多くなり、わかりやすく簡単に説明するつもりはないようで、さらに難解に話を展開し、最後まで「オチ」がないまま終了するのは昔も今も変わらない。

とにもかくにも学者といえば、地球儀を伴っての登場は必要条件のひとつである。文豪と言われた小説家が語る机には、モンブラン・マイス

ターシュテュック149万年筆があり、神楽坂の山田紙店や浅草の満寿屋の四〇〇字詰め原稿用紙が、さりげなく横に据えられているようなものだ。

一九五六（昭和三十一）年、私は中野区の江古田（えごた）の近くの小学校に通っていた。それは小学六年生の頃であった。あたりにはまだ野原や小川があり、初夏には蝶を追いかけたり、ザリガニ捕りをしたりで忙しく、まったく勉強をすることなく遊びほうけていた。

クラスに小林礼子さんという、成績が良く、かわいらしく、まるでフランス人形のような生徒がいた。はきはきした口調で人に命令するところがあったが、意地悪なところはまるでなく、クラスの誰とも仲良くして人気があった。

ある初夏、学校の校庭にバラが咲いていた。その頃に礼子さんの家へ遊びに行ったことがある。仲間三人で彼女の家を訪ねる時に、何かプレゼントを用意しようと、校庭に咲いていたバラを肥後守（ひごのかみ）ナイフで切り、新聞紙に包んで持って行った。

訪ねた家は西洋風の建物で白い壁がまぶしかった。呼び鈴を押すと、

二階の出窓から彼女は満面の笑みをたたえ「いらっしゃい」と大きく手を振った。

汚れた半ズボン小僧三人組は、広くモダンな玄関にとたんに萎縮して覇気がなかった。木の靴べらひとつにしても、手を持つところにクマの顔があった。視界には自分たちの汚れてすり減った運動靴が並び切ない。家に着くまでは道々三人で「月がとっても青いから」や「別れの一本杉」を大声で歌いながら闊歩(かっぽ)していたのに、まるで活気がない。

彼女の部屋に入ると、本当に石鹸の香りがした。童話に出てくるハイジの寝床そっくりの、干し草でも中に入っていそうな、ふかふかなベッドがあり、ピアノ、大きな本棚、そして机の上には地球儀があった。

三人が座るイスがないために、隣の部屋から母親が笑いながら、小さな丸いイスを二つ運んできた。彼女に似た美しい母親に、洟垂(はなた)れ小僧どもは顔を見合わせて沈黙していた。

学校の理科の教室で地球儀を見たことはあるが、個人が高価な地球儀を持っているとは思いもつかなかった。

地球儀は単に地図帳を丸く広げたものではなく、そこにドラマが自然に生まれてくる気がする。

礼子さんは地球儀を大きなテーブルの上に持ってきて、驚くようなことを言った。

「小学校を卒業したら、私の家族はニューヨークに行くの」

「ニューヨーク……」

小僧三人は彼女が指さした場所をじっと見つめていた。

「飛行機でまず羽田からミッドウェー諸島で降りて、空輸の燃料を入れて、そのあとハワイのホノルルに泊まるの」

小僧たちは息をのみ、豆粒のハワイ諸島をじっと見つめている。

「それからロサンゼルスに渡り、一泊してからダラスを経由して、ニューヨークに着くの」

「遠い国に行くんだね」。三人組はそう答えるのがやっとで、頭はボーッとしていた。

「父が外交官をしているので、三年間は行くことになるの」

「アメリカは英語だよね」

「もちろん英語しか通じない。だから二年前から英会話教室に行って勉強しているの」

確かに、本棚や壁には、英語の教材がいくつもあった。

母親がアイスクリームを大きなお盆にのせて上がってきた。バレーボールほどの地球儀を彼女は元の勉強机に戻しながら言った。

「英語の勉強に飽きると、いつも地球儀を見ているの。最近興味があるのは、ブラジルやボリビアやパタゴニアのある南米。高校を卒業したらひとりで行ってみたい」

「ひとりで？」

「うん。地球儀を見ていると、ひとりでも行けそうな気がしてならない」

帰り道、小僧三人組は礼子さんのまるで世界旅行のような話に圧倒されて、無言でトボトボ歩いていた。

私は寺町通りでみんなと別れた。

晩秋には銀杏（ぎんなん）を拾い、歓喜の声をあげていた道である。そんなことをふと思い出していたが、礼子さんの「南米を旅行したい」という夢のスケールの大きさに、自分の夢と比べて寂しさを感じるのであった。

それまで南米のことなど何ひとつ知らず、どんな国があるのかさえ知らなかった。しかし実際に地球儀を回しながら見ると、礼子さんの言う通り、その土地に行ってみたい気持ちにさせられる。

地球が球体であることを証明したのが、かのアリストテレスである。大昔は地球は平らで、めったやたらに歩き進んで行くと、いつかは地の果てに行き着き、なおも進むと、悪魔の棲む、足を踏み入れると抜け出すことのできない奈落の底が待っていると言われてきた。

アリストテレスによって今日の、ひと目で地球全体の土地が見られる地球儀を生み出すことができた。

地球儀が大量に安く学校の教室や、一般の家庭に入るようになったのは、戦後になってからである。工業的な方法で、アメリカのリプルーグル社が地球儀の量産に成功した。

それまでは舟形に分割して印刷された地図を、手作業で貼り付ける方法であった。球体に貼ることと、分割されたつなぎ目を正確に一ミリの狂いもなく貼り合わせることは、平面に貼るのとは異なり、非常に熟練が必要で、専門の技術者でなければできないとされていた。

リプルーグル社は板紙に半球分の花弁形に印刷した地図を貼り、必要な花弁形の部分のみ打ち抜いたあと、プレス成形して半球を作り、その作業を自動化し、大量生産を実現させた。このことは『文房具の歴史』（野沢松男著・文研社）によって教えられた。

さらにドイツのコロンブス社は、プラスチックシールに地図を印刷した。地球儀も山や海に凹凸が付けられたりなどして次々と進化し、やがてタッチペンで音声が出てくる「しゃべる地球儀」なるものまで登場してきた。長い年月の間に劇的な変化を遂げた。

この十年間北京によく出かけるが、必ず立ち寄るのが地下から地上六階まである王府井（ワンフーチン）書店である。地図、美術書、文房具、雑貨と手あたり次第に見て、倒れるまで店内を歩いている。

ある時に売場で地球儀を回しながら、ハッとした。当たり前だが、すべて中国語で国名が表示されている。

アメリカは美国、カナダは加拿大、メキシコは墨西哥、ブラジルは巴西である。地球儀を止めてじっと台湾と尖閣諸島を見る。特別に変化はしていない。

地球儀をなんとなく見ることで、あの首都はどこにあるんだろうと思いついたり、目にとまった国が急に気になったりすることが楽しい。「地球はひとつだ」という当たり前のことを地球儀は教えてくれるが、

愚かな人間共は戦争ばかりを繰り返している。それでも地球儀は私たちの心を自由に羽ばたかせてくれる。

こうなるとロシア、デンマーク、ポルトガル、サウジアラビア各国で売られている地球儀も見てみたくなった。

もしかしたら何十年か後に、様々と国は変化し、地球儀の表記も変わっているのかも知れない。やがて地球儀から天体儀、宇宙儀と、人間の夢は外へ外へと広がってゆく。

礼子さんもそんな地球儀のいざないに心躍らせたのだろう。

あれから彼女とは会うこともなく、私の家族は中野から引っ越して、千葉の中学校に転校していった。

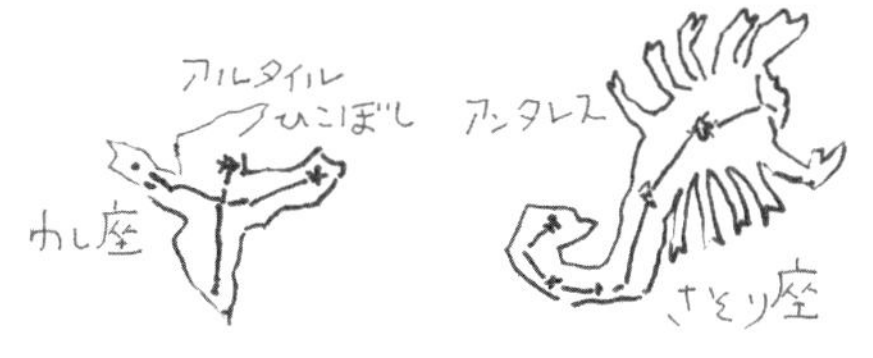

ハサミに挟まる

「馬鹿と鋏（はさみ）は使いよう」という言葉があるが、その意味が長いことよく理解できないでいた。

「切れない鋏でも使いようによっては切れるように、馬鹿でも使いようによっては役に立つ」。これが大まかな解説になっているのだが、「切れない鋏でも」というところに首をかしげ、引っかかっていた。

馬鹿の方はわかる。しかし、「切れない鋏」がどんな使いようで切れるようになり得るのか？

答えはこの鋏である。西洋バサミは昨今誰でも使い、刃でも傷んでいない限りは切れるが、和バサミ（糸切りバサミ）は親指と人差し指で、軽く握るように使う。ここにほんのコツがあり、慣れないと切れない。この和バサミは握り方や力の入れ方によって切れたり、切れなかったりするのだ。X形の西洋バサミのごとく単純にバサバサ切れるものではない。よって和バサミは時に「切れない鋏」という状況になる。

この諺（ことわざ）の真意を知ったのは、七十代になってからである。馬鹿に付

和鋏（握り鋏）

ける薬はないとは私のことを指す。

私が馬鹿と自覚したのは、小学四年生の時である。なんと一年生で習う漢字がまだ書けなかった。さらに二、三年生で覚える「遠」「楽」「番」という字が曖昧であった。

兄は学年でいつもトップグループにいる優秀な生徒で、私の無能さに呆れて、寝る前に教科書の漢字のテスト練習を、一年生で習う漢字から何度も書かされた。一所懸命に書いたのに、三日も経つともう忘れていた。兄は「本当に物覚えの悪いヤツだな」と呆れていた。

なんとか毎日真剣に、大きな枡目の漢字ノートに書いていた。しかし一週間もすると頭の中から漢字が消えていき、いくら思い出そうとしても、手が止まってしまう。なんだか情けなく、ポタポタと涙がノートを汚していた。

兄には優しいところがあり「マンガはうまく描くのになあ」と慰めてくれた。

両親が洋服屋をしていたので、服に合わせて裁断する紙が家にはいくらでもあり、処分された紙にマンガを描くのが私の気休めであった。

鉛筆の門松（かどまつ）

好きな赤胴鈴之助のチャンバラの絵を写している時、気持ちはまるで戦場にいるようで、ひとり興奮して奇声をあげて絵を描いていた。

生意気にもマンガの描き方の本を横に置き、マンガ用の濃い黒のインキに付けペンで、学校から帰ると絵を丁寧に描き写して、ひとり悦に入っていた。細長く切った和紙でこよりを作り、描いた紙を綴じて表紙もきちんと体裁を整えていた。

二階の両親の大きな作業用のテーブルの横には、いつも刃渡りが三十センチほどの大きな裁ちバサミがいくつもあった。

ピカピカに磨かれて、作業が終わると油布で拭くのか、ハサミからは油の匂いがかすかにしていた。

母親はめったなことでは子どもたちを叱ったりはしなかったが、「ハサミ」に関しては使用禁止であった。「布以外は切ってはダメ」と言って触らせてくれなかった。よく切れるハサミなので、紙細工の工作などについつい使って、そのたびに怒られていた。

ある時に足の爪を切っていたら「なんですか。ちゃんと爪切りが薬箱にあるでしょう」ときつく言われた。

個性を伸ばす

だから洋裁用のハサミには子どもたちは恐れを抱いて近づくことはなかった。新潟の燕三条から取り寄せて、時々は研ぎに出していた。包丁を研ぐのはわかるが、ハサミも研ぐものとは知らなかった。

母親が亡くなってすでに六十年を過ぎているが、形見と言うべき大きなハサミが燕三条の丈夫な紙製のケースに入って、今もまだ健在である。でも「切るのは布だけ」と私の娘や息子にも言い聞かせていた。

なぜ裁ちバサミは布専用で、紙を切ってはいけないのか。それは布の繊維に合わせた刃の作りによる。布のような、やわらかくて繊維が層になったものをシャキッと裁ち切るためには、刃の研ぎが鋭くなければならない。具体的には刃付け角度は四十五〜五十度であり、おのずと刃は薄くなる。一方、紙用ハサミの刃付け角度はずっと鈍角で、洋紙は繊維を絡み合わせて様々な原料で固着させており、その原料の中には鉱物の粒子さえある。それを裁ちバサミの薄い刃で切ると、すぐに傷んでしまうというわけだ。

二十代の終わりに西ドイツ・フランクフルトのブックフェアに参加し

た。市内のゾーリンゲンの店で小型のハサミを旅の記念に買った。刃渡り五センチ、全長十三センチの一番小さいハサミであった。

これが切れること切れること。時々ガムテープなどのベタベタが付いたりするので、ベンジンで拭くくらいで、いつも使用していた。

その店で、刃が十五センチ、全長が二十三センチほどのやけに細身で長いハサミに目がとまった。

店員は見本の紙を切ってみせた。カッターナイフで定規を当てて切ったように真っ直ぐに、ストレートに切れるのだ。しばらく思案に暮れていたが、思っていた以上に高価なので、あっさり諦めた。その後、会社勤めからイラストレーターとして再出発した記念に、長いハサミを日本橋の木屋で購入した。

二本のゾーリンゲンハサミで満足していたら、ある日銀座の伊東屋でかわいらしい小型のハサミを見た。

アレックス（林刃物）のスリム１４０フッ素コートというハサミであった。それまでは持ち運びに便利な、折りたたみ式のハサミを時々使っていたが、握りがないので大層使い勝手が悪く、アレックスに出会って

から冷淡に捨ててしまった。私は気に入らないと、途端にゴミ箱に捨ててしまう癖があり、のちのち後悔することも多い。

ハサミにおしゃれ感はいらない。実用一点張りが正解である。アレックスのスリム140を使って、その軽さ、使い心地の良さに感心した。あれほど愛していたゾーリンゲンは「重い。太っちょ」と邪険に扱い出し、工具箱にしまわれて使用頻度が低くなってしまった。

見た目はスリムで細く、華奢なフッ素コート加工のハサミは王道を一心に歩いている感じがした。人は一度惚れると見境なく揃えたくなる。

ガムテープのベタベタが付きにくく、ダンボールも切れるハサミ。紙専門の刃渡りの長いハサミと三本のアレックス製が、机の中のハサミ置き場で控えている。

「今後はハサミの話題には見向きもしません」「話しかけないでください」と、私は今静かな余生を過ごしている。

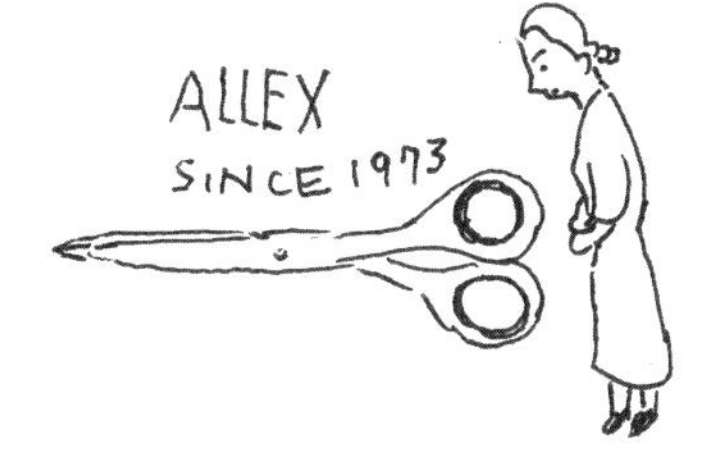

文房四宝

現代に生きる我々日本人は、日常的に毛筆を使用することがなくなった。とはいえ、文房四宝の言葉を耳にすると思わず襟を正したくなる。『日本大百科全書』（小学館）の「文房四宝」の項目には、次のように記されている。

『文人が書斎で用いる道具のうち、筆、墨、硯、紙の四種をいう。中国では古来、文人の書斎を文房とよび、教養を満たす室として尊重したが、やがて文房はそこで用いる道具類をさすようになった。文房具愛玩の歴史は漢・魏・晋代にまでさかのぼるが、五代（九〇七～九六〇）のころ書斎がはっきりした形をとるにつれて盛んになった。とくに南唐の李煜（在位九六一～九七五）がつくらせた李廷珪墨、南唐官硯、澄心堂紙、呉伯玄の筆は「南唐四宝」（徽州四宝）とよばれて珍重され、文房具の歴史の基礎を築いた。（中略）その後も元・明・清と文人の文房趣味は受け継がれ、文房具の種類も豊富となり、明末の屠隆著『考槃余事』には、硯山、筆床、筆洗、水注、鎮紙、印章など四五種に及ぶ文

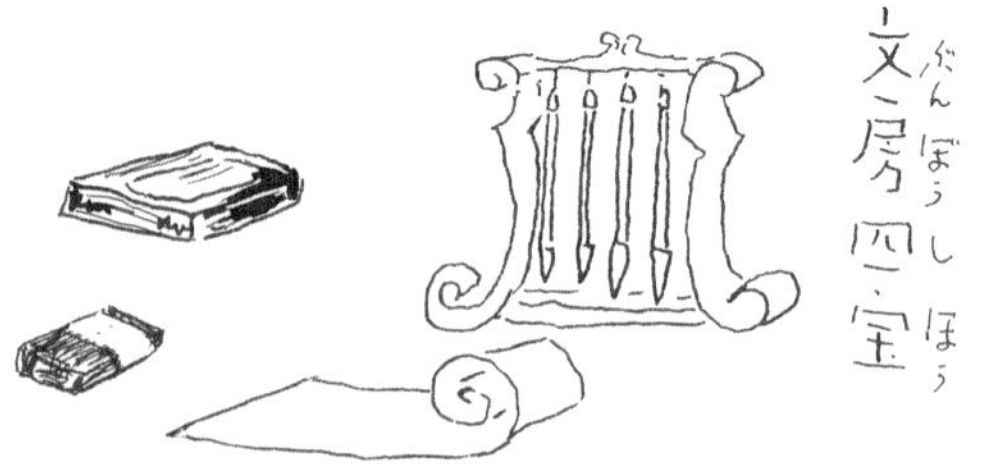

房具があげられている。

わが国での文房具に関する記録は『日本書紀』の推古天皇一八年（六一〇）三月に、高麗の僧曇徴が絵の具、紙、墨の製法を将来したという記載に始まるが、『正倉院文書』には写経用としておびただしい数の筆、墨、紙が請求された記録があり、文房具の生産・使用の歴史が奈良時代以前にさかのぼることがわかる。（中略）江戸時代に入ると、明の唐様文化の影響で中国的文人趣味が盛行して、文具への関心がいっそう強まり、文房四宝（文宝四友）の語もみられるようになった。』

だが文房四宝に精通した人に、決して近づいてはいけない。ワイン通より蘊蓄を語る者が多く、二、三時間はその場から逃げられない。「あなたに深い思いやりがあるから話す」と言いながら、中国で買ってきた著名な硯を見せられ、「この美しい斑紋を見てください」と目を細め、その後はすべて自慢話で終わり、帰路につく頃には体調が悪くなって寝込むはずだ。

北京に三十年前に最初に行って驚いたのは、圧倒的に人々が「自由」

ということだった。これまで政府の共産党支配に締め付けられ、抑圧され、中国には個人の自由がないと言われてきた。だが実際は公園ではダンスを踊り、太極拳で体をほぐし、大通りを歌いながら腹を突き出して歩いている。しかもバスや地下鉄に乗ると、お年寄りを見て間髪を容れず席を立つ若者たち。百聞は一見にしかずであった。

　なにより、旅行に出ても欧米のように食べものに困ることはない。日本で食べる中華と少し異なるが、炒飯、餃子、麺類、羊の串焼き、しゃぶしゃぶと口に合い、しかも安い。ビール、ワイン、白酒(パイチウ)と酒飲みも満足し和める店も多い。

　石造りの民家が立ち並ぶ細い路地・胡同(フートン)を探索すると、思わぬバーや本屋、文房具店に出会ったりする。古い封筒や一〇行×一八字詰めの摩訶不思議な原稿用紙が見つかったりなどして、さらに旅が盛り上がる。

　北京に行ったらまず地下鉄の路線を把握したあとは、滞在するホテルの近くのバス停留所もチェックしたい。北京での地下鉄駅の間隔は途方もなく離れているので、バスの乗り降りができるようになると、目的の場所に行くのがぐっと楽になる。

だが下町の和平門（ホーピンメン）の近くにある琉璃廠（リュウリーチャン）には決して近づいてはならない。ここには三百年以上の歴史のある老舗の「文房四宝」の店が軒を連ねて静まりかえってしかも私を待ち構えている。とりわけ「栄宝斎（えいほうさい）」や「戴月軒（たいげつけん）」は極めて危ない店である。

なにしろ筆約一千種、硯約二千種、そして印鑑、朱肉、さらに石のアクセサリーと迫ってくる。お土産にぴったりの人生の指針・孫子の折りたためる竹の書物、比較的安い複製木版画、中国文人が愛用した朱の罫線入りの便箋と、すべてが油断大敵で、仮に店に入っても絶対に一時も気を緩めてはならない。

近くの中国書店もうっかりドアを開けてはならない。王羲之（おうぎし）、顔真卿（がんしんけい）を始めとする書の本が、はっとするほど安い価格で所狭しと並んでいる。

それにしても手漉（てす）きの紙で作られた封筒、便箋、ハガキ、ノートといったものは人の心をぐっと摑んで離さない。自分では落ち着いているように思えるが、一度手を出すと平静心を失い、あとはダムが決壊するかのごとく一気に崩れ、最後にはやけっぱちになる。

二度目の北京は気が緩むものだ。私は琉璃廠に着く前に、すでに北京の銀座通り、王府井にある王府井書店で舞い上がっていた。漢字のみの中国語は、見ただけでなんとなく内容が理解できるからだ。手当たり次第にＣＤ付きの中国語教科書、地図、美術書、そして文房具と漁ってきた。

ホテルに帰る頃には、肩から提げたバッグの本の重量で体がよれていた。もう一つ、西単（シーダン）にあるさらに大きな北京最大級の書店、北京図書大廈（たいか）にて新聞紙大の画集も何冊か手に入れた。中国の美術書は採算を度外視した「デカくて重い本」が多く、見ているだけで息が荒くなる。

そんなジジイが文房四宝の沼地・琉璃廠に行けば、どういうことになるかは火を見るよりも明らかである。

栄宝斎に入ると、いきなり二畳ほどはある巨大な硯が迎え入れてくれる。ここですでに頭の回路がショートしてしまった。硯を囲むように鎖を回してあり、目の澄んだ女子店員から「これは本物ですよ」と言われ、その硯で墨を磨り溶いて描いた絵を見ているうちに、もう若くはないのだから「紆余曲折（うよきょくせつ）」の人生は諦めて、素直に生きようと肝に銘じ

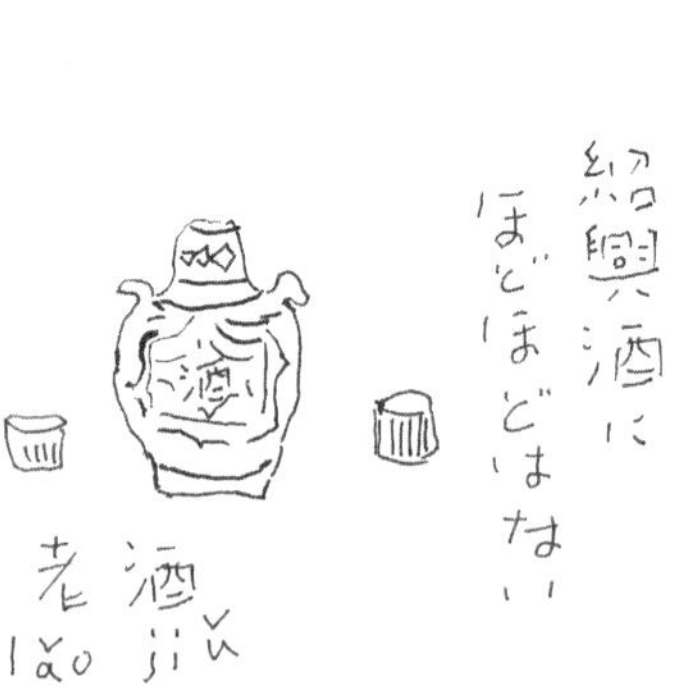

た。

　ガラスケースを覗いて歩いていくと、アンティークな模様の虫眼鏡が私を呼んでいた。レプリカ製品なので安く、すぐに包んでもらった。

　紺の地味な制服を着た若い女子店員は、まるで私専任として接客するかのように、付かず離れず、影のごとく、ある一定の距離を保ちながらずっと付いてくる。

　そしてこちらが少しでも立ち止まると、すぐさま品物を取り出し、透き通った目をして、しかも日本語で、「いかがですか」と優しく微笑む。

　その頃は、絵巻物の絵を描くことに凝っていた時期であった。丸めた絵を入れる適当な筒が見つからず、東京の画材屋で探していたが、どれも筒の胴体が細く、その筒に合わせて紙を丸めると、簡単に抜けなくなり、絵を傷めてしまう。

　そんなことで、出版社に絵を発送する時にいつも思案に暮れていた。もう少し大きな筒がないものかと店内を歩いていると、目に入った棚に、目覚まし時計ほどの円を描いた筒があった。触ってみると、蓋はプラスチックでしっかりしている。

「いかがですか」。素朴でいながら、客を逃がさない術を身につけてい

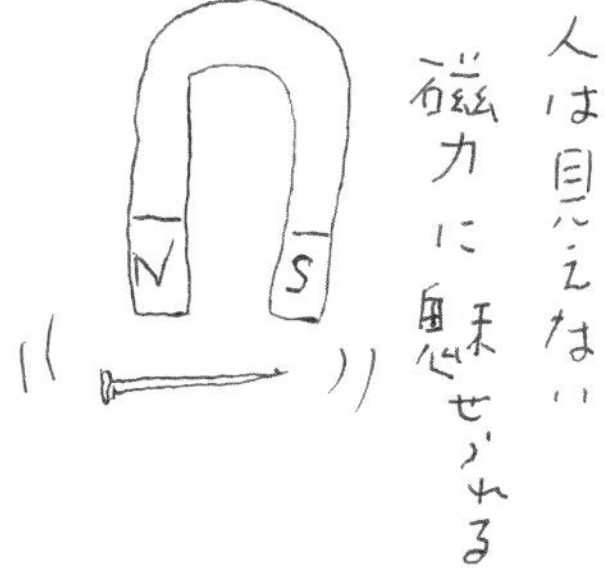

人は見えない
磁力に魅せられる

る女子店員はたたみかけてくる。

一本では足りず、二本注文して包んでもらった。筆のコーナーでは、穂先の細い面相筆は何本も持っていたが、「いかがですか」の声に弱い。相手に選んでもらい、三千~五千円の価格帯で三本ほど買った。

そういえば前に台北（タイペイ）で硯を買ったが、弁当箱くらいの大きさで重く、今度は携帯電話ほどの小型の硯を欲しくなった。硯は大・中・小と千差万別で、値段は当然大きくなるにつれて高い。ガラスケースの上から覆いかぶさるように見つめていると、今度は「お決まりですか」とガラス戸の鍵を開けた。

小さいものを指さすと、硯の縁、専門的に言うと硯縁（けんえん）の紫褐色に魅了された。そこには「肇慶（ちょうけい）・端渓（たんけい）」と書かれていた。端渓は硯の中でも名品と言われる。硯を見ているうちに、ふっと脳裏に夏目漱石の『草枕』の中の和尚さんとのやりとりが蘇った。

それはたしか「いい色合じゃのう。端渓かい」という一場面である。そういえば案外硯の偽物は多く、露店では絶対に手を出してはならないと聞かされていた。

しかしこの専門店なら間違いはない。さらになんと横には、硯に合わせた当たり箱、つまり硯箱があった。漆塗りの箱の前から去りがたい。

「お包みしましょうか」

涼しげな、はかなげな横顔にうなずき、ついでに墨とひとまとめの手漉き紙もお願いした。なぜなら前日に隷書（れいしょ）の練習用の大型本を買っていた。突然湧き上がるように書いてみたくなったのだ。

精算すると、財布にある現金では足りず、北京に来て初めてクレジットカードを取り出した。合計すると、日本円で七万円ほどした。ぐらぐらと体が震える金額になっていた。

「ありがとうございます。またの機会をお待ち申し上げます」

「それにしても日本語が上手だね」

「ハイ、私は東京の田端に二年、いました」

「北区の田端は崖が多く、その昔、田の端にあったから、田端の名が付いたんだよね」

「ご丁寧にありがとうございました。こちらはサービスです」

そう言って、小さな手漉き紙のメモ帳を袋に入れてくれた。

文房四宝も気息奄々（きそくえんえん）、息が絶え絶え命懸けである。

帰りは地下鉄の和平門駅まで歩きながら、坂道の多い田端の町を恋人と歩いたことを懐かしく思い出していた。

百文字コラム

文房具依存とは

人は何かに依存して生きている。しかし日常生活に支障をきたす依存には注意するべきだ。

自分は依存していない、と思い込みたくなる

私はザック依存から離れられなかった。十代の頃から山登りをしていたので、ザックを見ると「これなら快適に登れるのでは」と思い、増やしてしまう。依存は本人が自覚していない。そして他人に指摘されると否定する。

依存したままでは先へと進めない

ここで注意したいのが「文房具依存」である。「手書き文化を残さなければ」「書き味に心癒される」「所有欲が満たされる」などとこだわるうちに、あのペンは、あの紙はと無尽に試す。気づいた時には手遅れになっている。

真実は目的を達成することにある

一方で、文房具とともに己の目的を突き詰めると真実にたどり着く。そしてその文房具は一生の愛用品となる。自分にとって特別な文房具を探す旅に出ても、その終着地はない。大切なのは、終着地ではなくその道程なのだ。

シャープペンシルは永遠不滅である

机の二段目の文具コーナーに「シャープペンシル」の一族郎党が、他の文具とぶつからないように仕分けした菓子箱の中でじっと腕組みしながら出番を前に待機している。

シャープペンシルは鉛筆と同じように「芯」が命である。ランプ、ローソク、石油ストーブも芯をなくすと、ただの粗大ごみになる。人間も芯がない人は嫌われ、頼りにされない。

芯が大切なのはわかる。山小屋のランプにしても、八分芯と五分芯の二種類を部屋によって使い分けされており、大きい方が断然明るい。

シャープペンシルの芯の種類は多く、「太さ、濃さ」を選ぶとなると困難を極め、時には投げやりな、「勘弁してよ」という捨てばちな気持ちになる。

シャープペンシルの芯は「なめらか」に紙に吸いつくがごとく、粒子の細かい書き心地が理想である。しかも芯が細かろうが折れたりしないこと、最後の一ミリまで快適に書き続けられることが使命で、こうした

負担をあれこれシャープペンシルに一手に担わせようという人間の業は深い。

現在私が愛用している芯は０・５ミリ、０・７ミリ、０・９ミリ、１・１ミリと感情、思考が入り乱れて不安定である。だが濃さはきっぱりと２Ｂに統一している。

自分が大ざっぱな人間だとつくづく反省するのは、シャープペンシル本体に表記されている芯の太さを無視して、違う太さの芯を入れては詰まらせてしまうことだ。

芯ホルダーのノック部を押すと、チャックと呼ばれる部分が開くのだが、芯の太さが合っていないとここで詰まり、そしてそれに合った道具がないと芯は二度と取れなくなる。

本体ボディに芯の太さを書いてあるものはまだ良いが、六〇年代のヴィンテージのペリカンやモンブランのシャープペンシルには、そんなものは表記されていない。特に私がよく使うペリカンの芯は１・１ミリでモンブランの方は０・９ミリである。間違えるといくらノックしても、振っても、二度と反応しない。

濃いグリーンの金キャップのモンブランは二度と手に入らない貴重な

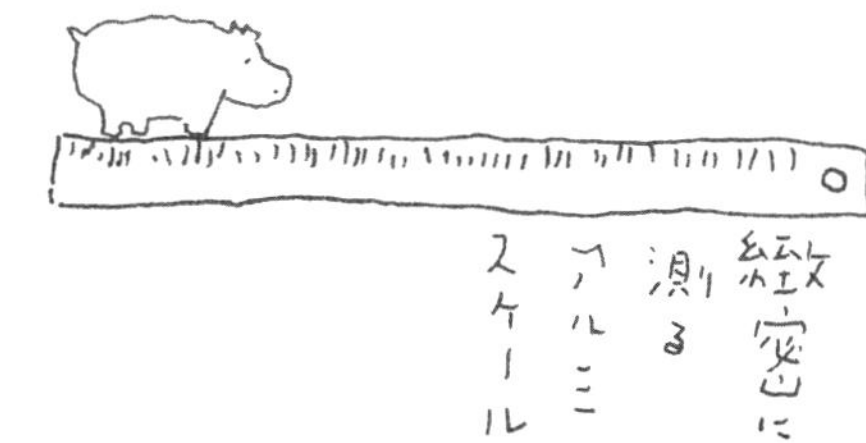

もので、二十年前に銀座のユーロボックスで購入したが、二度ほど芯の太さを間違えて入れてしまい「注意してください」と店主に嘆かれ、ユーロボックスの特製ペンシル芯ケースに「0・9 モンブラン」と書いたテープを貼っている。

もう一方で、握りが太くて軽いファーバーカステルのシャープペンシルを、この二十年間いつも手元に置いている。芯は強度が高く折れない0・7ミリの2Bである。頭に付いている消しゴムも、太くて長く頼りになる。

山登りに行く時は、A6判のコクヨの小型のノートを持ち歩いている。ウエストバッグにはファーバーカステルのシャープペンシルとノート、それに一本の芯に四色が入ったリラのマーブル色鉛筆を忘れない。念のためにと、削って小さくなった三菱鉛筆・ユニの2Bも予備用に入れている。

こういった小物は透明なビニールケースに入れ、ついでアーミーナイフ、小型のハサミも忘れない。ハサミはアーミーナイフにも付いているが、ネパールなどのトレッキングの長旅となると別に小型のハサミを用

振り回されない
立つペンケース

意する。ハサミはつくづく人類文明の大発明だと思う。紙や紐、テープを切ったりする時に、テントの中で小さなハサミをしみじみ見つめ、感謝する。

これまで日本の主立った山はひと通り登ってきたが、登山はスポーツの中に入るかどうかと言われると、疑問が湧く。他のスポーツと違い持ち物が多すぎる。さらに競技のように、他人と競争したり、点数を確認したりするのが登山にはない。

山男と言われて鳴らした連中の多くは、社会からはみ出し、自己中心的な輩が多い。そのくせテントの中ではチビた鉛筆で「なぜ人は山に登るのか」といった永遠のテーマを夢見がちに日記風に書いたりして、悦に入っている。

山では万年筆やボールペンは御法度である。標高差で気圧が低くなればインクが噴き出し、冬山で零下の気温になれば凍りついて使うことができなくなる。

私が一番高い山頂に立ったのは、五十代の時のネパールのメラピーク（６４７６メートル）である。ヒマラヤで最も登りやすい高峰と言われる。最終キャンプはエベレストが目の前に迫った５８００メートルの地

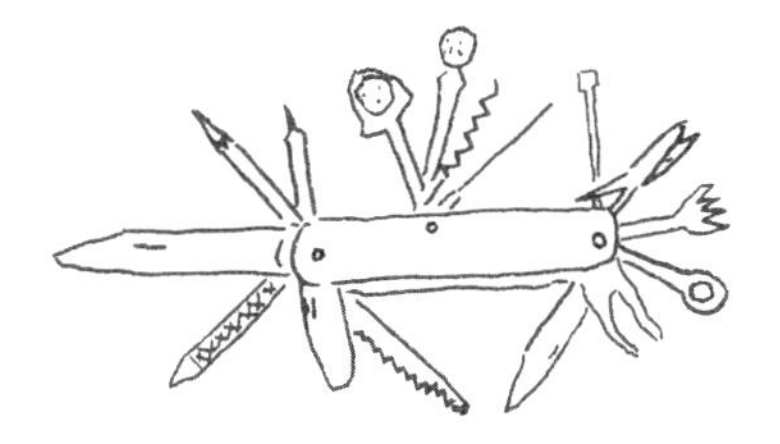

点で、寒いテントの中で高度に順化できず、「頭が痛い」と2Bのシャープペンシルで小さなノートに泣き言を書いていた。毎日日記代わりに一ページごとに行程を綴るのだが、歩くことに体力を使い果たし、テントの中に入ると、「しんどい、もう山には行かない、疲れた。」としか書いていない。

スケッチも同じノートに描くのだが、まるで幼稚園児が描く拙い絵で、振り返ってみても絵や地図はあまり要領を得ていない。

だが飽きずにアンナプルナのベースキャンプ（4200メートル）、チョモランマのベースキャンプ（5400メートル）、そしてヒマラヤトレッキングには七、八回は行き、その他にはアフリカのキリマンジャロ（5895メートル）、スイスのアイガー（3970メートル）、ハワイ島のマウナロア（4170メートル）、珍しいところではバリ島アグン（3142メートル）と海外の山をふらふらしてきた。

山となると小型のノートと軽くて頑丈なシャープペンシルが、はやる心をなだめ、挑戦を応援し、いつも励ましてくれた。

最近は足腰も弱くなり、山の本は愛読しつつも、山は遠くで見つめて

満足している。一年前に奥秩父の金峰山(きんぷさん)(2599メートル)の頂上に立った時には、あまりの疲労困憊から放心状態で涙が出そうになった。

私の今後の山は「山登り」ではなく「山歩き」になりそうである。つまり高原のハイキングのような「山旅」がちょうどいい。小さな日帰りザックにスケッチ帳を入れてのんびり歩く。それだけで充分満足である。若い頃のような厳冬期の富士山にピッケル、アイゼン、ザイルの登山はもう遠くなってきた。

山の道具はドイツ語が多いものだったが、最近ではピッケルは「アイスアックス」、ザイルは「ロープ」、アイゼンも「クランポン」と呼ばれるようになってしまった。ズボンもパンツになって、下着のパンツはブリーフである。はかなく悲しい時代になったものだ。男性は「猿股」に戻すべきだ。

私の娘のところに中学三年生になる双子の兄弟がおり、成長するにつれて、性格や趣味も異なってきた。

二人は幼い頃から工作や絵を描くことが好きで、休日になると我が家に泊まり込みに来てはプラモデル作りに夢中になって遊んでいた。

またキッチンペーパーの硬い芯を半分に切り、ダンボールに貼り付け、ロボットを何個も製作しては、満足そうに腕組みをし、二人はよく見つめていた。

弟の方は音楽に敏感になり、小さなエレクトーンを弾き、いそいそと休むことなく音楽教室に通い練習していた。ジジイがクリスマスにピアノと同じタッチの電子ピアノをプレゼントすると、嬉し泣きをしていた。

双子の母親は旅行好きなために、子どもたちを沖縄に二回も連れて行った。中一の夏の宿題に兄は「ヤドカリの研究」をレポート用紙に四枚書いて、学校に提出後に見せてもらったが、あまりの見事な出来映えに驚愕してしまった。沖縄の海岸で初めてヤドカリを見て興味を持ち、そのヤドカリを飼い観察した日記風の記録である。

南西諸島の陸上で生きる「オカヤドカリ」の生態、習性を三本のシャープペンシルで書き分けていた。絵は太い1・3ミリ、表題の文字は0・9ミリ、本文は0・5ミリとなんともバランス良く書かれ、ひと目でヤドカリの特徴が理解できる。

兄が見せてくれたシャープペンシルは、どれも重くがっしりしてい

た。「重いペンじゃないと手に持ってクルクル回せない」と言いながら、器用に回してみせた。クラスの生徒の間でクルクルは基本路線という。

１・３ミリ芯はオーストリアの製図メーカー、アリスト社の握りやすい三角軸のボディ、０・９ミリ芯はプラチナ万年筆の速記向けに作られたロングセラー、プレスマン。さらに０・５ミリ芯はパイロットの樺材が用いられた木軸のＳ20と、こちらが知らないメーカーやモデルを自慢そうに見せた。

「こんなのどこで買ったの」と聞くと、「横浜石川町の伊東屋」とナマイキである。そういえば筆箱もやけに重厚である。

私が手にする文房具類はなるべく軽く、複雑ではないものを選ぶが、双子の兄はまったく逆で、手にした時に「手応え」があるものを選ぶ。時代は軽量で小さいものだけを目指しているのではないと悟る。

私は「シャープペンシル」は英語式の名だと頑なに信じていた。しかし英米人はシャープペンシルとは言わず、「メカニカルペンシル」である。日本の中高生は略して「シャーペン」と呼ぶ。

日本で実用的なシャープペンシルを開発したのは、早川金属工業（現

在のシャープ）の早川徳次氏で、一九二〇（大正九）年に「早川式繰出鉛筆」の名で実用新案登録。商品はその後「エバー・レディ・シャープ・ペンシル」と名付けられた。その前には、すでにアメリカ・イリノイのチャールズ・ルード・キーラン氏が一九一三年に「エバーシャープ」の名で繰り出し式の芯ペンを製作・発表していた。したがって早川氏はその中間を取って「シャープ・ペンシル」の名を充てたわけだ。

だがこの製品は売れなかったという。理由は芯が「1ミリ」と太いものしかないために、細字を好む日本人に合わなかったのだ。

現在のようにシャープペンシルの人気が高まったのは、昭和四十年代に入り、中高生が爆発的に使いはじめたからである。カラフルな蛍光軸、あるいはキャラクターなどのイラスト入りと百花繚乱の騒ぎで、筆箱はシャーペンだらけになってしまった。

シャーペンはメカニカルで玩具性も含むために、新製品に我先にと手を伸ばすようになる。芯も0・2ミリ、0・3ミリといった極細が生まれ、しかも折れにくい。大学生は教科ノートも芯の太さによって区別している。

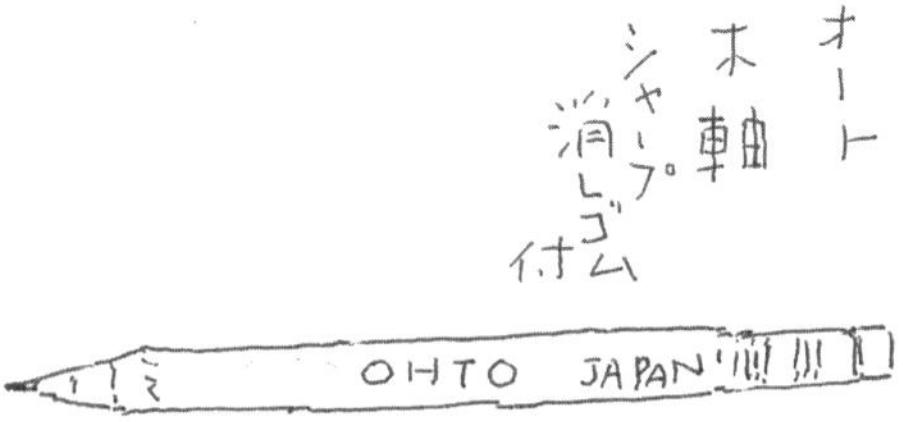

高級品のファーバーカステル、ステッドラーのものでも日本での呼び名は「シャープペンシル」と統一されている。

シャープペンシルこそ、日本がここまでの技術大国に至った礎を築き、底力を発揮した筆記具と言えるのではないか。

その基礎を作った早川徳次氏は、日本の誇りであり自慢である。メカニカルペンシルではなく、シャープペンシルの名は永遠不滅である。

消しゴムに滅びゆく美学を見た

消しゴムはいつか消えていく運命である。自分の身を知ってか文房具の中でひときわペーソスを漂わせ、ひっそりしている。いつも慎み深く謙虚であるが、落とすとコロコロと無制限に転がり、机の下に潜り込み逃亡し、我がままなところもある。大掃除の時には「お母さん、消しゴムの『ケシちゃん』がこんなところにいた」と親子で感激のドラマが生まれる。

無口で無駄口をきかないので、一時ブームになった「カッターナイフで消しゴム版画制作」とあらぬ方向に利用されたこともある。

カラフルな蛍光色消しゴム、香料入り消しゴム、チョコレートの香りがする消しゴム、コクヨのカドケシ、ミリケシ、細かいところをピンポイントで消せるトンボ鉛筆のＭＯＮＯ　ｚｅｒｏ丸型、と進歩を続けているが、消しゴムの王座決定版は一九六九年に発売された「ＭＯＮＯ」シリーズである。

もともとＭＯＮＯは一九六七年、トンボ鉛筆の創立五十五周年記念として発売された高級鉛筆で、一ダースセットにプラスチックの消しゴムと砂消しゴムが半分ずつになったものが付録として付いていた。

このプラスチック消しゴムが、新聞社あたりから「やけに字がきれいに消える」と噂になって広がり、単体で販売されると大人気商品になった。プラスチックの消しゴムはその当時は珍しかった。

一九六九年とは今から五十五年前の頃で、七〇年安保闘争で学生運動が熱く一番盛り上がっていた時期である。ピンキーとキラーズの「恋の季節」、内山田洋とクール・ファイブの「長崎は今日も雨だった」が街に切なく流れていた。そしてアメリカのアポロ11号が月面着陸に成功して、アームストロングがゆらゆらと月面を歩いている姿をテレビで見た年でもある。

その頃に発売された青・白・黒の太い縞をしたＭＯＮＯのデザインは現在も変わらず、「消しゴムならこれ」と日本人に植え付けられて揺るぎない。

このデザインは社員の井出尚氏の発案である。小さな消しゴムでも存在感があり、今なおインパクトがあるデザインだ。東京五輪の後、そし

て大阪万博直前として、万国旗の三色旗をモチーフにすることを思いついた。そのデザインは実にシンプルで見事に後世へ名を残した。

三菱鉛筆のｕｎｉとトンボ鉛筆のＭＯＮＯは、日本の文房具の宝である。私が海外に出かける時は、この二つのセットをプレゼントにいくつも用意することが多い。日本生まれの逸品として紹介するのが誇らしくなる。

そしてプラスチック消しゴムもまた、日本生まれなのだという。

鉛筆の黒鉛芯で書かれた筆跡を消すために、古くはパンが使われていた。ところが、その代わりに天然ゴムが使えると発見されたのが一八世紀のイギリスでのこと。一九世紀後半には日本でも消しゴムの製造がはじまり、一九一五（大正四）年に創業した「三木康作ゴム製造所（現シード）」は消しゴム作りに邁進、塩化ビニル素材で黒鉛芯が消えることを知る。一九五八（昭和三十三）年に製法特許を公告、世界初の「プラスチック字消し」を発売した。その後、シードのロングセラー「レーダー」消しゴムが誕生したのである。

ちなみにここでは「消しゴム」と総称するが、消しゴムメーカーでは

多く「字消し」という。一八世紀に生まれた天然ゴムのものは「ゴム字消し」、プラスチックが使われたものは「プラスチック字消し」と呼ぶのが厳密には正しい。

プラスチック消しゴムが紙ケースに包まれているのには理由がある。プラスチックをやわらかくする可塑剤には他のプラスチックに触れると溶けて融合する性質があるため、互いがくっついてしまうのだ。消しゴムが小さくなっていくにつれてだんだん紙ケースから外して使いたくなるものだが、消しゴムのサイズに合わせてカットするなどして、大事に紙ケースへしまいたい。

さて、古くからある「ゴム消しゴム」は、プラスチック消しゴムが、いかに消しゴム界を席巻しようともなお、文具店に存在している。

腹が立つのは、シャープペンシルの頭に付いている消しゴムである。構造上硬く細い消しゴムしか使えないのかも知れないが、特にヴィンテージの六〇年代の名品、モンブランやペリカンのシャープペンシルに付いている消しゴムは最悪である。

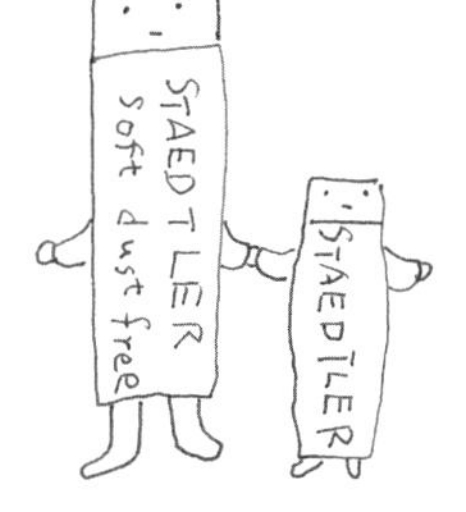

字を消そうとすると、紙が破れるのではといった硬さで、まったく弾力がなく、なんのために付いているのかわからない。

そんな中でファーバーカステルの消しゴムは太くて長く、安心して使用できる。0・7ミリの2Bの芯を入れているが、消しゴムも一緒に手帳に挟み、どこにでも付いてきて素直に良い仕事をしてくれる。

MONOの消しゴムを細く棒のように丸めて切って、モンブランやペリカンのシャープペンシルに入れたことがあるが、やわらかくてすぐに外れてしまい、無駄な抵抗であった。このような使途には、弾力性の高いプラスチックよりも、変形しづらいゴム素材が合うらしい。

鉛筆の頭に付いている消しゴムもだいたい硬く、たいして消えず、やはり消しゴムは単体で使うものだと悟る。

そんな消しゴム付き鉛筆の中で立派に働いてくれるのは、アメリカ生まれのブラックウィングの鉛筆である。この中の「パール」というものを使っている。消しゴムが平たく、鉛筆と消しゴムをつなぐ金具も長く伸びており、消しゴムを包み込むようにしっかり設置されているので、ゴシゴシこする時に力を加えやすい。

さらにその金具の中に格納された消しゴムはU字形の金属にはめてあり、その金属の縁に指を引っかけると取り外せる。U字形の金属は消しゴムを挟む役割を担っており、外すと好きな位置で自在に挟めるため、消しゴムが短くなってきたら少しずつずらしていくと無駄なく消費することができるという優れものなのである。これは消しゴム付き鉛筆なだけでなく「鉛筆付き消しゴム」と言っても良いのでは、と取り外すたびに凝視してしまう。なお、小さくなってきた消しゴムをずらす際には、U字形金属にできる空間に折りたたんだ紙片などで詰めものをすると完璧である。

私が愛用しているパールの軸は華やかな真珠色のパールホワイト、硬度は2Bに相当し、漫画家やイラストレーターに人気が高い。

鉛筆にこだわる人は必携である。

ブラックウィングは一九三〇年代に世に送り出された。元はファーバーカステルを興した人物の曾孫が立ち上げたメーカーなのだという。多くの芸術家、特に音楽家や作家に愛用されたが、一九九八年に製造を終える。だが復刻を強く望む声に押され、二〇一〇年に復活。

たしかにこの高級鉛筆は短くなればなるほど愛着が湧き、アイデアが

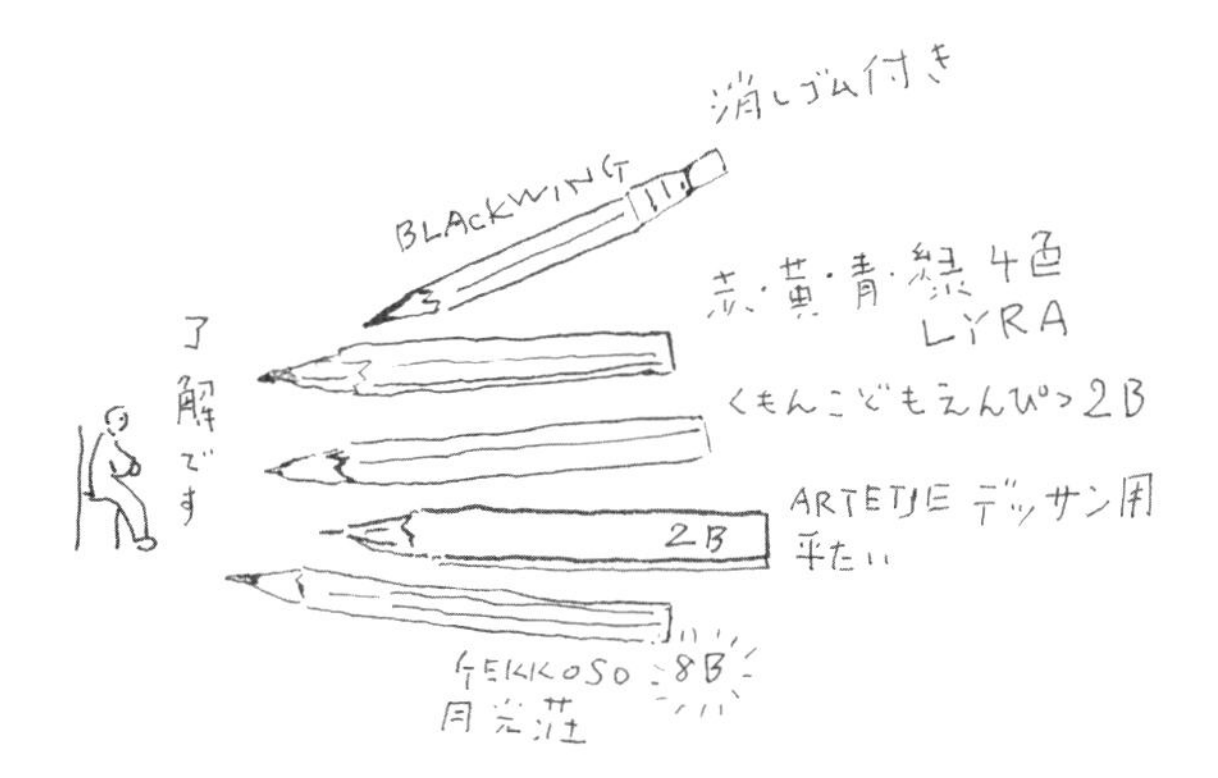

生まれ、想像力が高まる大人の道具として手放せない。軸の消しゴム部分に異質な金属を付け、四角い消しゴムをはめた発想がいかにも自由なアメリカを表している。

短くなった鉛筆はホルダーに挿し込み、ぎりぎりまで愛着をもって使う人が多いが、消しゴムの最後を見届けた人は少ない。

あまりにも小さく、パチンコ玉のごとく丸くなってくると使いづらくなり、新しく補充してしまう。

いつか消しゴムにも終焉が訪れるとわかっていながら、人は臨終から目を背けてきた。

中国大陸各地を旅するようになって、六十の手習いと市内の中国語教室で日曜日の早朝八時からの授業を受けていた。中国人教師を前に四十代の主婦と一緒に習っていた。

この女性は予習、復習をきちんとしてくるので、発音も勇ましい。

こちらは検定試験の四級より一歩も上がらないのに、彼女は一年目ですでに三級を目指していた。「誰でも受かる四級は最初から眼中にない」

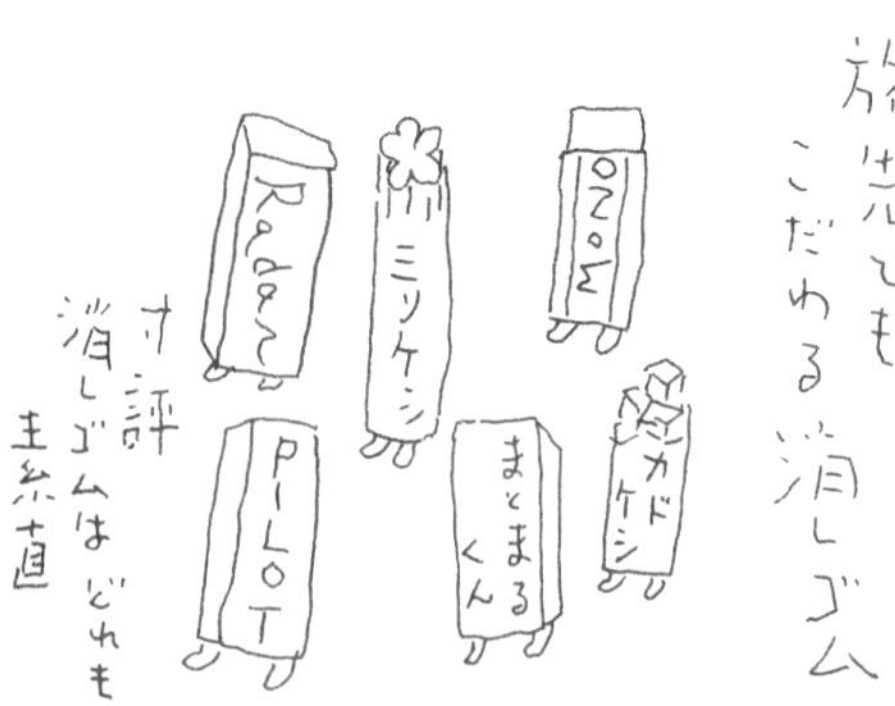

と豪語する。

猛烈に勉強するのはわかるが、書いたり消したりと、鉛筆よりむしろ消しゴムをたえず使い、消しカスをバサバサと手ではらう。隣にいるこちらにまで、消しゴムのカスが舞うのであった。

プラスチックの消しゴムのカスは年々改良されて気にならなくなっているのに、彼女は昔ながらのゴムの消しゴムを使用しているのか、やたら細かいカスがこちらに飛んでくるのだ。自分の机の下にでも落とせばいいものを、両手で乱暴に横へとはらうのだった。

そしてその年の暮れに彼女は三級に合格して、私は相変わらず留年であった。その後、彼女は中国語教室はやめたが、駅前で偶然会うと会釈はしていた。名前はすっかり忘れ、「消しゴムの人」と覚えていた。

文房具コラム　ヤマト糊と手作りの本

文房具の妄想を捨てる

草色のチューブに入った百円のヤマト糊は、自作の「文庫本」を作る時の必携になっている。好みの作家による好みの文章を本からページごと外して、自分だけの手作り文庫本を作ると愛着が湧く。

たとえば川上弘美、林芙美子、須賀敦子の「ここだけは何度も読みたい」という章を、乱暴だが力まかせに本からはがし、背にヤマト糊を丁寧に塗って、薄い和紙を張る。

本は表紙をつけないと、みすぼらしい。美術雑誌からマチスの絵を切り取り、表紙にする。背はさらに「プラス 製本テープ」で保護して、白いマーカーや三菱鉛筆のPOSCAで『別れの日』とか気取ったタイトルを付けると、自作の文庫本が完成する。

こういった自作の文庫本を海外旅行に持って行き、深夜ホテルで酒を飲みながらページをめくる時、なんだか恥ずかしいような愛しいような、あるいは物悲しい思いに駆られる。

自作の文庫本だけではなく、自作の美術画集もある。内外で買った美術雑誌から「この絵のここが気に入った。いつか自分も取り入れよう」と感じた時には、そのページに定規を当てて、オルファの折刃カッターで切り取る。

集めた絵の背を合わせ、やはりヤマト糊を塗り、自作の美術画集を制作する。案外このような美術画やイラストレーションを集めておくことが、将来的に役立つものだ。なんでもない第一印象のカットもコレクションしていくと、自分を育ててくれるように感じる。自分が好きではない傾向のものでも、気になったらページから切り取っておくと、後々自分が気づかなかった面も教えてくれる。

ジジイの本棚には、怪しい手作り本の一角がある。そこだけ妙にオーラというのか、あたりに熱気を漂わせている。

文房具コラム　哀愁のダブルクリップ

成田空港の銀行で、日本円で十万円をおろし、中国青島（チンタオ）に向かった。青島空港で中国元に交換するために、バッグから銀行の封筒を取り出そうとすると、「無い」。

いくらバッグの中を捜しても「無い」。もしかすると機内で、あれこれ書類をいじくっているうちに、座席か床にでも放出したのかも知れない。

そこにはダブルクリップだけが、むなしくバッグの底にあった。

ダブルクリップよ、君はいつ現金封筒と離れ離れになったか覚えてはいないのか？　哀しい目で問うと、横を向いて佇むダブルクリップは「W」の形を描いており、なるほどW形をしているからダブルクリップというのだと、妙なめぐり合わせで合点がいったものである。

「ダブルクリップ」
1910年
アメリカの
ルイス・エドウィン・
バルツレーによって
発明される

Bank

ダブルクリップが発明されたのは一九一〇年のことという。金属製のコの字形をした板バネにワイヤーのレバーが付けられ、てこの原理で開く作りは発明当初から百年以上経った今も変わらない。

板バネは基本的に黒色をしており、銀色やカラフルなものもあるが、黒とレバーの銀色が調和している。板バネにはシールを貼ったりなどして見出しを付けておくのにも具合がいい。

様々なサイズがあって、紙束が百枚ほどあっても余裕でひとつに綴じられるため、原稿やゲラを束ねておくのに欠かせない。綴じるものがそう重くなければ、レバーを上げた状態でフックなどに下げておくこともできる。

さらに夏など、日除けのスダレ調整としても利用している。

書斎の歴史アーカイブ

子どもの頃から掘りごたつやミカン箱を机にしてきた私が「書斎」というものを意識したのは、高校生の頃であった。

家族で引っ越した千葉の家で、庭の片隅に大きな穴を掘って、部屋を造る計画をひそかに立てた。学校から帰ると、毎日階段付きの地下室造りに専念していた。下に簀(す)の子を置いてその上にゴザ筵(むしろ)を敷き、天井は山用のテントを設置した。寝袋で一夜を明かすと愛着も増してきて、土の壁に本棚や百目ローソクを立てて、ひとり瞑想に耽るのであった。

この時不意に「書斎」という言葉が初めて頭に浮かんだ。本を読んだり、物を書いたりする部屋には、やはり机が必要になってくる。

海岸の埋め立て工事現場に行っては、半端で生まれた廃材を分けてもらい、卓袱台ほどの机を造った。正座をして詩や小説、山の本を読み、絵を描いていると、書斎は次第に本格的に完璧なものになってきたと感じ、そこにいる時間を愛おしく思った。母親や姉は「もぐら部屋」と上から覗き込んではクスクス笑っていたが、気にしない。長い延長コード

を引っ張り、ついに電灯をともすところまで発展した。

しかし、秋に八ヶ岳を三日間ほどひとりで歩いて帰ってみると、なんということか、もぐら部屋が大雨のために崩れていた。海に近いせいか土壁がもろく、座卓に土がこんもりとのっかっているのだ。慌てて本や電球を掘り出したが、穴に近づくと足元も危なく崩れるのであった。

こうなるともぐら部屋の書斎も諦めるしかなかった。最後はゴミ用の穴になり、母親から「これはありがたいね」と感謝されてしまった。


次に目を付けたのは「ツリーハウス」、空中庭園部屋であった。大きな松の木があったので、そこにロッククライミング用の鉄のハーケンを打ち込み、それに板をのせて足場にして、枝と枝との間に柱を通し、じわじわと小屋を造る作戦を実行していった。だがその松をいつも愛でていた父親の逆鱗に触れて、あえなく挫折してしまった。

山に行くと狭いひとり用のテントは息が詰まる思いがするが、二〜三人用のテントに替えたら、少し重量は増すものの、中に入ると気持ちが和み、ただひたすら頂上を目指すのではなく、あたりの風景を眺める山旅の趣も湧いてくる。さらに夜は百目ローソクの下で文庫本を読んでい

ると、これこそが書斎だとひとり悦に入り、新たな世界を満喫するのであった。

そしてテントの書斎から、市の図書館が新しい書斎になった。学校をズル休みしては弁当を自分で作って、図書館で暗くなるまで過ごしていた。文学、山岳書、絵画、建築、音楽と図書館にはあらゆる本が揃っていた。ここで本のおもしろさに目覚めた。本は、読みながらどんな場所、好きな国にも旅行に連れて行ってくれるのだと認識した。

そして文学には劣等感を抱えた人物ばかりがやたらに登場してくる。それが反対に和みにもなる。本は小さな自分だけの秘密の世界でもあった。そしてやっと念願の本物の自分の書斎を持てるようになったのは、結婚してからであった。

国立（くにたち）のアパートに新居をかまえた折に、松本民芸家具の机を買って、初めて本物の書斎ができた。しばらくして、小さなカットや原稿を雑誌社から依頼されるようになり、初めてもらった稿料は洋書の画集となって書斎に並んだ。掲載カットの下には小さく自分の名が記されている。

そのページを手帳に挟み、通勤電車の中で時々そっと眺めていた。

そして結婚して二年もしないうちに、申し込んでいた都営住宅の抽選に当たり、慌てて町田市に移っていった。

南側に広い庭があり、前の人が増築していた三畳ほどのプレハブ小屋が残っていた。その三畳が次なる書斎であった。

製図用のライトを机にくくりつけると、本格的な書斎の雰囲気が醸し出された。生まれたばかりの娘がはいはいして、本棚から次々と本を引っ張り出して遊ぶのが日課になっていた。

戦後に建てられた古い平屋の都営住宅は、その後その土地に高層の住宅建設が計画されており、都から安い金利の融資が設けられ、私たちは同じ町田市に住宅を探すことになった。


新たな家はどこにでもある小さな貧弱な木造建物ではあったが、一階に台所と食堂、二階に畳の六畳と板張りの四畳半の二つの部屋、そして車が門の横に置ける駐車スペースがあった。取り柄は高台にあることで、二階の窓からは多摩丘陵の波打つ台地が広がっていた。

せめて家具だけは納得のいく物を選びたいと思ったその頃、偶然に都

内である家具の展示会を見た。松の無垢（むく）の家具に体が吸い込まれていった。その家具は、富山の立山連峰の麓にあるＫＡＫＩ工房で製作されており、食堂用のテーブルとイスを四脚注文した。決して安いものではなかったが、家具は一生使うものと思えば、その値段にも納得できる。

しばらくして木の香りがする家具が届き、テーブルとイスを並べると、途端に部屋が明るくなった。娘はテーブルに手と頬を寄せて「いい匂いがする」と撫でていた。


そして書斎をより強固にするために、二階の自分の部屋の窓側のサイズに合わせた、長さが百八十センチのテーブルを注文した。

書斎のテーブルは、新聞紙を両手でバサッと広げても余るくらいの寸法は断然欲しい。

注文した大きなテーブルの横に、マップケースのような全紙が入る五段の引き出しを造ってもらったが、これはたいそう便利なものである。異なる種類の紙を多く使う仕事をしているので、用紙を探すこともなくなり作業が早くなる。脚に車輪が付いているので、掃除の時に移動させることも楽である。

書斎は実用一点張りでせめていきたい。もう一度、中国伝統の「明窓浄几（明るい窓と清潔な机）」を思い浮かべ、たえず清らかな気が流れる部屋にしなくてはならない。中国の文人たちが都市で隠遁するために理想とした書斎を、私も求めていたのだ。

サッカーでいう「アディショナルタイム」であるジジイの年齢に近づいた現在になってようやく、自分でも満足のいく書斎ができたと悟りを開いた心境になるが、不満は本の多さである。廊下に天井まで届く本棚を設置したのに、次々と書籍が押し寄せ、埋め尽くす。

そして悩ましいのはパソコンとスマホである。物を調べるにはいたって便利な道具だが、無数の電波がたえず体と心を蝕むようで、どうも集中して原稿や絵の世界に没頭できず、平穏にさせてくれない。

タイマー設定して時間が来るまで開かないようなスマホを押し込める箱を、現在インターネットで探している。

色褪せた分度器

　分度器は透明なプラスチックの薄い半円形や円形をした板で、円のカーブに沿って目盛りがあり、半円形の下の平らなところは物差しになっていたりする。

　本来は図面を引く時に角度を割り出したり、測定したりするための器具であったはずだ。だが、小学四年生になると、この分度器が三角定規と一緒に算数の授業で使用される。

　分度器を使って角度を求める練習問題が出されていたが、角度を測り終えると、二度と分度器を使うことはない。ただし角度の大きさによっては、足し算や引き算などしなければならなかった。

　この頃から授業にはコンパスも登場し、算数もきちんと勉強しないとついていけなくなる。

　私が初めて手にした小さな分度器は、四つ年上の兄のお古であり、兄は年子の姉から譲り受けたという。だからいくらか焼けて黄色く染まっていた。

姉と兄は二人とも学校から帰ると、きちんと机に向かって復習をし、朝は朝食の前に予習をしていた。まだ兄は中学一年生、姉は中学三年生なのに、将来は都立のどこの高校に入るのかとすでに相談していた。

一方ボンクラな私は、その日が楽しければいいと、学校から帰っても外が暗くなるまで双眼鏡を手に、あるいは自分が作ったダンボールのお面を被り、あちらこちらをほっつき歩いていた。

なにかの拍子に分度器の話を姉にすると「お母さんの裁縫箱に入っていたのをもらった」と言った。

両親が洋裁屋を営んでいたので、家の仕事場には鯨尺、巻尺、大きな物差しなどが壁にぶら下がっていた。

そして仕事用のハサミやナイフに触ると厳しく叱られた。布を裁断するカッターやハサミは、いつも研がれ光っていた。

子どもたちが工作や遊びで使うハサミと比べて、三、四倍の大きさのハサミであった。

和室の道具箱にしまわれた和紙の裁縫箱は、子どもたちも自由に使ってよかった。私は六年生になると、いつの間にか自分でも針を使えるよ

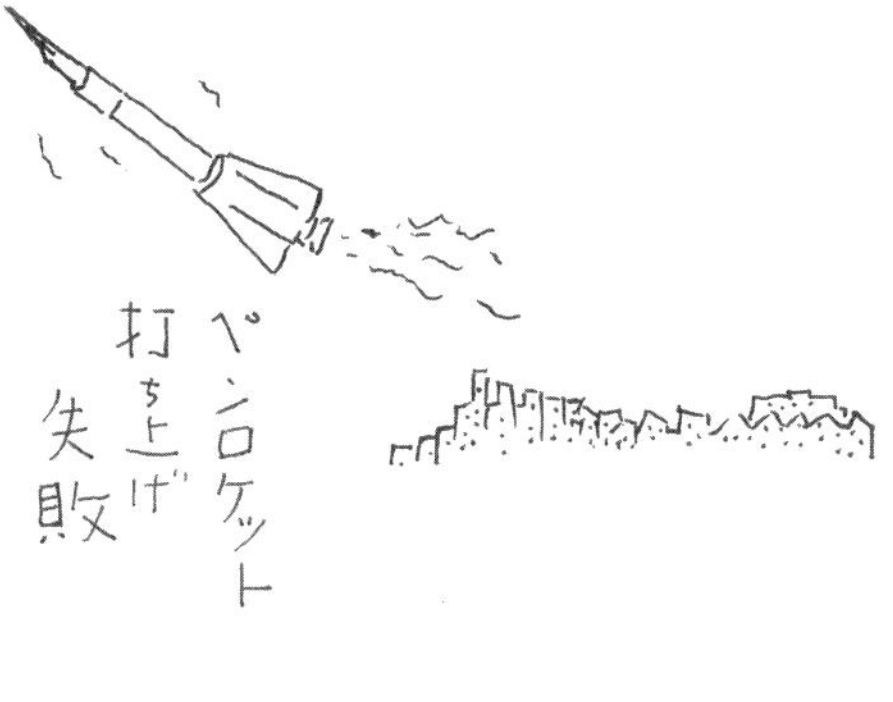

うになって、靴下にできた穴をふさいだりし、ボタンの付け替えもできるようになった。母は昼間の洋裁の仕事で疲れているのに、子どもたちの服やゴワゴワした綿のバッグを大型のミシンでいくつも作ってくれていた。ただ、針に糸を通す時に老眼鏡をかけた母親の姿に、少し戸惑いを受けた。

姉と兄は地域で最も難しい都立の高校に入ったが、中学生の私はただボンヤリと「将来は絵でも描いて暮らしていけたらな」と呑気なことを考えていた。

私が高校を卒業する前に、母は乳癌にかかり、私が十九歳の二月の冬の日に、別れの言葉もなく眠るように亡くなってしまった。

母の遺品を整理すると、裁縫箱の底の方に私が小学生の時に使用していた分度器が入っていた。私はそっと分度器だけ取り出し、時々使う三角定規の布袋の中に入れた。

やがて月日が経ち、私は結婚して、母が亡くなった五十三歳を超え、いつの間にか絵や文を書く仕事に就いていた。

三角定規は時々使うが、分度器の出番はまったくなかった。

仕事柄、画材や紙類、ハサミ、カッターは山のようにあり、小さなアトリエが乱雑になると月に一、二回は大掃除をする。本や雑誌類は処分ができるが、画材や文房具は何ひとつ捨てられないものだ。短くなった鉛筆一本さえ愛おしく、大げさだが「これでオレは救われたのだ」と思うと頬ずりしたくなる。

三角定規を入れた青い布袋もすっかり色褪せているが、これも替えられない。まして母の形見とも言える分度器は二度と使用することもないが、捨てることなどとうていできない。

あれから何年が過ぎていったのだろうか。七十数年前の分度器が、今も壊れずにあることが不思議でならない。

息子夫婦が近くの林や丘を越えたところに住んでおり、休日になると小学生の孫二人が自転車に乗って遊びに来ては、大騒ぎをしてゆく。帰る時には嫁が車で来て、後ろの座席を倒し自転車二台を載せて笑いながら「お騒がせしました。またお願いしますね」と孫たちと帰ってゆく。

ある初夏に、汗だらけになりながら小学四年生の孫娘がひとりで自転

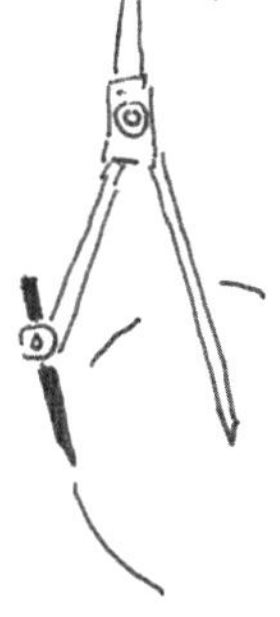

車でやってきて、

「おじいちゃん、分度器ある！　学校で使うの」

と大声をあげた。

仕事用の机の中に山のように、文房具があるのを孫たちは知っていたが、三角定規の布袋が奥の画材置き場の壁に吊るしてあるのは知らないはずだ。

「分度器なんてないなあ」ととぼけていた。

「おじいちゃんの机の中を見てもいい」

孫娘は「将来は画家になる」と宣言しているだけに、私の机の中や絵具や色鉛筆と、まるで家宅捜索したかのごとく知り尽くしている。

「うーん、分度器ないなあ」

やっと孫は諦めたかと思うと、物差しがぶら下がっているところを下から見上げ、

「おじいちゃん、あの青い布の袋」と言った。

以前から孫娘の勘は妙に鋭いところがあると思っていた。

「あの布の中が見たい」と指さすのであった。

「あれはただの三角定規」

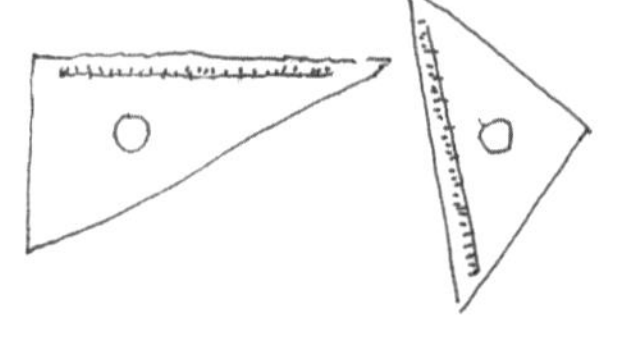

「見せて見せて」

踊るように体をクネクネさせてせがんでいる。

「分度器なら、下のスーパーで買ってあげるよ」

「いいから、見せて見せて」

両手をひらひらさせてせがんでいる。

もしかしたら色褪せた分度器は、孫娘の姿を見たいと願っているのかも知れない。

百文字コラム　欲望のルーペ

小さな字や線を見やすく拡大してくれるルーペは机上の仏である。つい、増やしてしまう。

いくつあっても欲しくなるのがルーペ

机の引き出しの中には大・中・小とルーペがひしめき合い、息を殺して出番を待っている。老眼が進むと、細かい地図や預金通帳を見るのにルーペが必要だ。伊東屋、丸善、文房堂と彷徨（さまよ）ったが、まだ正解を見つけていない。

変わり種ルーペにも果敢に挑戦する

共栄プラスチックの「せぼね君ルーペ読書用」は、ネーミングに引き寄せられた。B6判ほどのルーペに、高さや角度が微調整できる「背骨」が付いている。位置を変えるとルーペがしばらく揺れてしまうが、おおむね良い。

進化するルーペと飽くなき欲望は続く

のちに同じく共栄プラスチックより、LEDライト付きが発売されさらに進化。せぼね君の「背骨」はなくなり、自由に動く太い「脊髄」になった。ぐらぐらせず、明るく健康的なルーペに生まれ変わったが、まだ要望はある。

百文字コラム　愛する書見台を求めて

本は立てて読むと頭が疲れない。ノートをとる時にも参照資料は書見台に置いて挑みたい。

背筋を伸ばして机に向かう

本を机の上に置いて読みふけると、姿勢が悪くなって首がたれ下がり、肩も凝る。さらにスマホやタブレットが出回る昨今は姿勢を正すために書見台が必要になってくる。自分の身を守るため、書見台を積極的に導入しよう。

状況に応じていくつか用意するのもいい

私は折りたためるもの、本の種類によりページの押さえ方が変えられるアーム調節付きのもの、文庫用のルーペ・LED付きのものと三種類で万全の用意をしている。だが堅実かつ完璧な書見台は、やすやすとは見つからない。

書見台探しを常に欠かさない

ある日に図書館で、木製の書見台に本を載せて、背筋を伸ばし読みながらノートをとる艶麗なご婦人がいた。その書見台が気になって仕方なく、我慢できずに「失礼ですが、その書見台はどちらで」と声をかけてしまった。

佐野洋子さんのボールペン

洋子さんは文房具や筆記具、画材にこだわる人ではない。ボールペンなんぞは百円で充分と思っていた。

しかし、真鍮の箱や真鍮の筆入れと、銅と亜鉛との合金にいたって弱い。その真鍮の平たい筆入れに、数本のやけに握りのごつい、まるで魚の丸干しに似た、木軸のボールペンがあった。

ある日、多摩の洋子さんの自宅へ遊びに行った時に、気になってそのボールペンをじっと見ていると、気配を感じたのか洋子さんは真鍮の筆入れごとさっと体の後ろに隠した。「これがないと生きていけないの」。なんとも大袈裟なことを言った。いつも冗談っぽく笑っている顔ではなく、遠い目をして庭の樹々を見つめていた。

二〇二〇年に増補新版として発行された『総特集　佐野洋子』（河出書房新社）を読み、なるほどあのボールペンはそういういきさつだったのかと納得した。

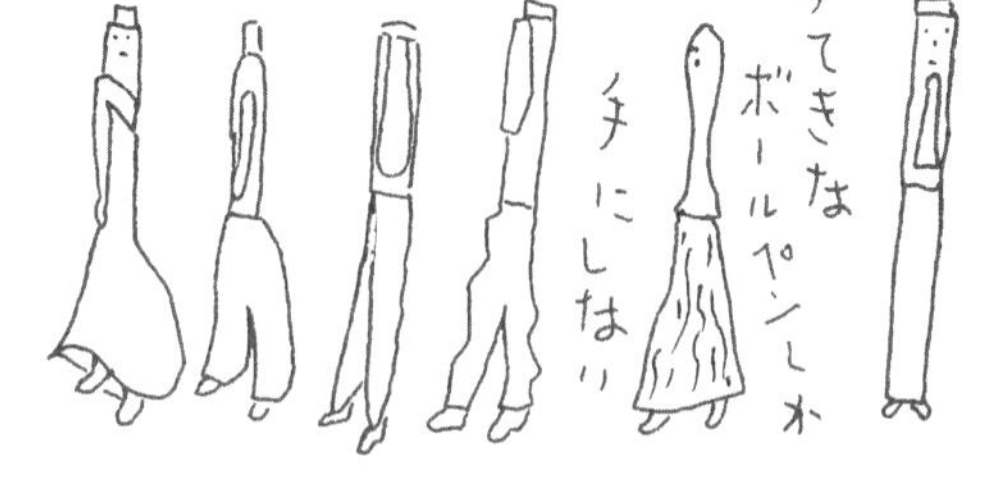

その中にある「私の部屋のいちばん美しいもの」という原稿に、ボールペンのことを書いていた。

『手に持って、その重み握り工合、素材の重厚さ、そこにある時のフォルムの美しさ、そして品格。少しずつデザインの違うものを私はシャープペンシルを含めて全て手に入れた。』

このペンは青山にあるバー・ラジオの主人の手作りの品であった。

さらに友人からもバー・ラジオのペンを譲ってもらう。

『大切に大切にしているのは「ラジオ」のボールペンだけである。一本もなくしていない。字は全てこれで書いている。何十年も。』


私は佐野洋子さんと四十数年の付き合いがあった。知り合ったのは一九七一（昭和四十六）年に佐野さんの初めての絵本『やぎさんのひっこし』（文・もりひさし／こぐま社）が刊行される前の頃である。

その数年前に私はこぐま社に入社して、佐野さんは東急世田谷線・松陰神社前のマンションで、旦那さんのグラフィックデザイナー・広瀬郁氏とヒロ工房を二人してはじめた。佐野さんが三十歳前後のことである。

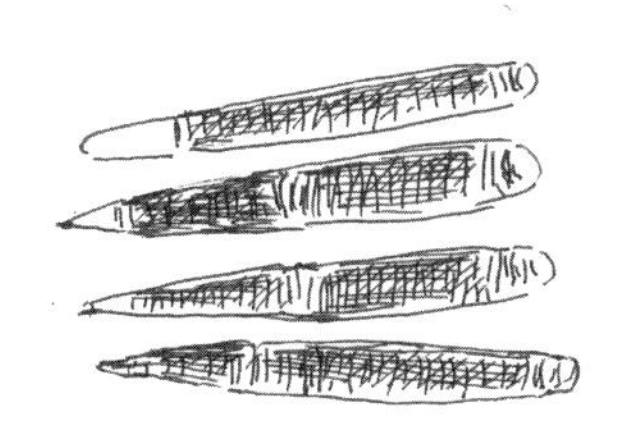

のんびりした世田谷線に乗って、何回か原画の受け取りに行ったことがある。その後、事務所は地下鉄営団銀座線の表参道に引っ越しした。千代田線は開通しておらず、まだ渋谷から都電が走っていた。

絵がなかなかできあがらず、催促しても「来週」となっていた。こぐま社の社長はプレッシャーをかけるために、「時々見回りに行きなさい」と言い、私はふらりとヒロ工房に行って、おしゃべりをしてむなしく帰ってくるのであった。

帰り道には骨董通りの入口にあった嶋田洋書に寄って、デザインや建築の本を漁ったり、古本屋に寄りながら渋谷駅まで歩いたりしていた。

初めての絵本が完成すると、あとは次々と自作の絵本を制作し、揺るぎない絵本作家としてスタートした。

だがこぐま社の本作りとは方針が合わず、その後次第に疎遠になっていった。その間に名作『１００万回生きたねこ』（講談社）が生まれた。

私はいい加減な人間だったので、出版社は自由な職業と言われるものの、やはり会社勤めにつくづく嫌気がさしていた。仲間と作った雑誌『本の雑誌』に小さなカットを描いて鬱憤を晴らしていた。

花よ蝶よの

カラフルサインペン

佐野さんが四十歳の頃に、彼女は小さな雑誌に短いエッセイを書きはじめていた。読んでみて驚いたのは、本音で忖度（そんたく）がまったくない文章なのだ。「こんな文、初めてだ」と唸った。多くの物書きは読者にサービスをするが、佐野さんはそういった配慮がまるでない。『本の雑誌』に連載を開始したが、不倫小説が得意な大物作家の作品を、なんと洋子さんは「愚作」とバッサリ斬り捨てたのである。この英断に周りの者はおののいた。

洋子さんと再会して親しく行き来を開始したのは、洋子さんが多摩の聖蹟桜ヶ丘に新築の家を建てた一九八〇年の頃であった。

私の住む町田の家から車で二十分ほどの距離で、呼ばれると気軽に行っては、大根おろしかけ焼肉、まぐろの昆布巻き、長ネギと豆腐と牛肉のすき焼きと毎回ごちそうになっていた。洋子さんのすき焼きは、最初は牛肉と長ネギだけで食べて、じわじわ豆腐、ゴボウの笹がきを追加していくというものだった。

行くたびに食べては帰ってくるのは恩義に欠けると思い、掃除のお返しをすることにした。洋子さんの家は床に物を置かず、床にはネコが一

ささがき

匹いるだけで、いつも整理整頓が行き届いていた。

無駄に背ばかり伸びた私のすることは、大きなガラス磨きと高い枝の剪定（せんてい）ぐらいであった。

一九八〇年、傍目にはあんなに仲が良かった旦那さんと離婚をしてしまった。その後に洋子さんは淡々と台所について書いている。

『台所に不足を感じなかった。そのダイニングキッチンで、私と夫は、テーブルをはさんでにらみ合い、家を崩壊させた。茶ぶ台ではない。テーブルで。』

そしてこう続けている。

『私は私の台所が大好きだった。しかし、少しの年月ののち、私はそこで、自分だけの食事を作っているのだった。子供は独立してしまった。私は、何も文句のない便利な台所でボー然としている。』

『台所は、ただ料理を作るところだけではない。ものを食べるという事が作り出す人間のつながりとしがらみを作ることなのだ。』

と、寂寥感（せきりょうかん）を漂わせていた。

洋子さんのキッチン横のテーブルの上に二〇〇字詰めの原稿用紙と、

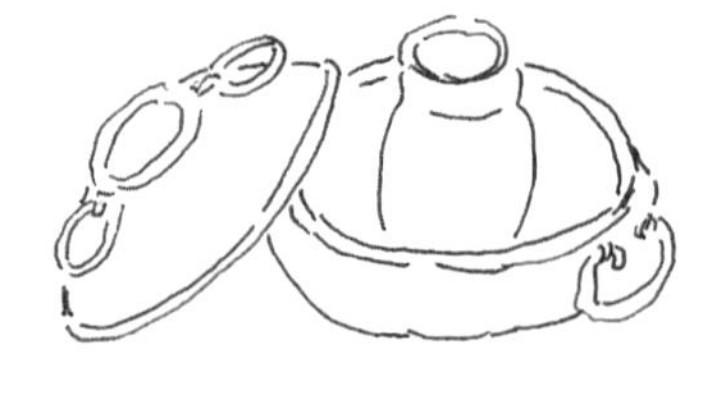

例のバー・ラジオの何本ものボールペンが置いてあるのを、何度も目にしてきた。

原稿用紙に書かれた油性ボールペンの文字は、流れるような、叩きつけるような、枡目いっぱいの大きな文字であった。

私は文字を書いてお金を稼ぐという確固たる決意、その凄さ、尋常ではないエネルギーを原稿用紙の文字に垣間見た。


その頃の私のお気に入りの油性ボールペンはといえば、ノック式の細身で握りやすい六角軸のカランダッシュ849である。鉛筆と似た軸の太さで、ちょうど鉛筆を削っていい具合になってきたくらいの長さをしており、手にした瞬間から愛着が湧く。カラー展開が豊富で、海外に行くたびに空港の免税店で二、三本は追加している。カラーマットのシルキーな特殊仕上げの軸の高級感が、持つ人に高揚感を与える。

そして中の芯が良い。これはカランダッシュ独自の「ゴリアット」という名の芯で、インクがボール芯へと五方向から均等に供給される構造をしており、書き味がなめらかなことこの上ない。

私は原稿用紙には万年筆やゼブラのサラサで、油性ボールペンはもっ

ぱらノートや手帳に使う。サラサはジェルインクボールペンであり、ねっとりとした油性インクと比べて筆圧をかけることなくインクが流れ出るため、万年筆に近い筆感を得られるのだった。一方で、洋子さんは筆記具の使い分けさえも超越していたのだと思う。

「原稿用紙にボールペンで書く」という意識もなく、「バー・ラジオのペンが好きだから、それを手にして原稿を書いた」のだろう。

これがないと生きていけないの、という言葉は決して大袈裟ではなかったのだ。

一九九〇年、五十二歳の時に洋子さんは詩人の谷川俊太郎さんと結婚した。真鍮の筆入れに入ったラジオのボールペンも一緒に、杉並の谷川宅へと引っ越しをしていった。

夏になると北軽井沢の谷川別荘に滞在して、エッセイ集『ふつうがえらい』（マガジンハウス）を出版する。

別荘の母屋から少し離れた所に、真四角い平屋の小屋というのか、ミニマムハウスが建っている。この建物は、洋子さんが谷川さんと結婚した記念に建てた。

洋子さんは家の造りについて「森の中にあった、作曲家のマーラーの仕事場をそっくり真似た」と笑っていた。真四角な家は、窓も真四角であった。何の飾り気もなく謙虚そのものであったが、均整が取れていた。

私は数々の木造の山小屋風の家を見てきたが、出来映えはピカ一とうなずいた。

洋子さんは谷川さんにプレゼントした家について、「鴨長明の方丈庵は四畳半で、詩人の家は十二畳（六坪）」と言った。洋子さんはここで谷川さんに人生の無常を静かに味わってもらおうと願ったのだろうか。だが六年後の五十八歳の時に、突然谷川さんと結婚を解消し別れてしまった。

洋子さんにとって家を造ることは鬼門なのかも知れない。新しい家を建てるたびに、別離が待っていた。そして六十歳の時に北軽井沢に転居し、当然ラジオのペンも一緒に新しい家へと移動していった。

谷川さんと別れてからは彼女の躁鬱が強く、私も次第に距離を置くようになってしまった。

そしてまたたく間に十年が過ぎていき、二〇一〇（平成二十二）年の

やんわりと寒くなった十一月に、七十二歳という若さで永眠した。

あれからすでに十三年が経つ。前の夫、広瀬郁さんと洋子さんの間の子で、現在は絵本画家の広瀬弦さんと何かと電話したりしている。細かい線の挿絵が得意で、とにかく動物の顔つきや身振りは天才的に描く。そして弦さんは洋子さん譲りで料理も上手い。とにかく手際よく、味も記憶に残る。じっくり煮込むシチューが最高傑作だ。弦さんと話していると、洋子さんが今も健在で元気に過ごしている錯覚におちいる。

ある日、「ラジオのペン、どうしていますか」と電話で弦さんに尋ねると、「あれ、どうしているのかなあ」とウイスキーグラスの氷の音がして、しばらく沈黙して頼りない。すると不意に、

「教えないよ。あげないからね」

と、洋子さんのいくらかカン高い声が遠くから聞こえてきた。

そして佐野さんが家で使用していた籐(とう)のイス三脚が、我が家に来ている。いただいてから四十数年の間に座の布を二度ほど張り替えたが、いまだに現役で愛用している。

本来なら四脚がセットになっていたが、その中の一脚は佐野さんが可愛がっていたネコがあまりにも齧(かじ)りすぎて、編んだ背も、座の布もボロボロで破棄される運命になった。あの時、洋子さんは衝動的に新しいイスを買ってしまった。

佐野洋子さんにとって三十代の終わりから変わることなく大切にしていたのは、バー・ラジオのボールペン四本だけであった。

ガラスペンに夢を託す

この数年、東京の老舗といわれる文房具店からすっかり足が遠のいてしまった。大きな要因は展示品が、古式ゆかしい「紳士」の呪縛から解放されていないからだ。「紳士の一流品」「紳士の文具の流儀」「紳士の粋なカバン」といった塩梅である。

店内の磨き上げられたガラスケースの中には、高級万年筆がずらりと並んでいる。ケースの片隅には「昔の文筆家はこのような粋なものを愛用していたのです」と、骨董品で見たような重いインキ壺がさりげなく置かれていたりする。

未来のための文房具ではなく、過去の紳士の小物を見せられても、まだ元気なジジイの気持ちは萎えてしまう。一時はチラリと紳士の革の手帳に革のバッグというい でたちに憧れたが、あれは男の見栄のかたまりと認識してやめた。この頃はブランド品を身につけている者ほど、なぜだかわからないが野暮ったく、品がなくケチ臭く思えて仕方がない。

文房具は
あなたに期待する
ためにあるのではない

雑誌やネットで文房具のページを開くと、時おり気になる店が紹介されていた。神戸にある「ナガサワ文具センター」である。

神戸は若い二十代の頃からまるで異国の町のごとく憧憬の念を抱き、三宮に行けば繁華街の通りを、行ったり来たりとキョロキョロしていた。やがてカントリー音楽に興味を持ち、自ら楽器に触るようになると、神戸のライブハウスに出演したこともあった。

海岸通の古いビルで、絵の展覧会も二度ほど開催した。そしてあの阪神・淡路大震災の時には、仲間の支援や救済のために、何度か応援にも出かけた。

そういえば十数年前に神戸港のポートターミナルから貨客船に乗り、三日かけて中国・天津への船旅をした。その時に船内の螺旋階段の下では、陽が落ちると日本人・中国人を問わず酒飲みが集まり、飲んだくれていた。

思い返すと、その時に知り合った中国人とは今もスマホでメール交換をしている。

神戸は外からの風を心地良く引き入れ、国際港として発展した町だけに、いつも人々は明るく開放的で屈託がない。

目玉クリップは
なんでも吊せる

ナガサワ文具センターは一八八二（明治十五）年創業という老舗文具店である。本店を三宮に構え、神戸を中心に明石、大阪と店舗を持ち、くたびれた若者もジジイも優しく迎えてくれる。さらに、たえず「今が旬」といった文具少女も喜び感動する文房具を揃えている。

したがってオリジナル商品を次々と打ち出してくる。レターセット、万年筆、キップレザーのペンケース。

特にジジイがときめいたのは、神戸の風景を色に表した「Ｋｏｂｅ ＩＮＫ物語」である。二〇〇七年「六甲グリーン」にはじまったご当地インクが、二〇二三年にはなんと八十四色のラインナップとなっており、多くの者はインク沼に引きずり込まれる。そして五百ページの極厚ノート「リテロブック」もナガサワオリジナルだ。悩めるジジイは「極厚」と聞いただけで迷わず手が出る。

もちろんオリジナル商品ばかりではない。テカテカ、ピカピカの方眼紙・オキナのプロジェクトペーパーの、メタリックカラーパッド。キングジムのクリアーファイル、パタント。

これらの製品はひと目見ただけで機能的とわかる。また、クツワのモジサシ定規。読みたい箇所だけが見える窓付きで、イラストレーション

を描く時に極めて便利なものである。こういったものが店の陳列棚からスッと目に飛び込んできて、使い途（みち）を明快に連想できるところが、ナガサワ文具センターの優れた点である。

神戸ハーバーランドにあるＮＡＧＡＳＡＷＡ神戸煉瓦倉庫店で、私はついに捕まった。秋の晴れわたった午後、思わずガラスペンコーナーで捕獲されてしまったのだ。

ガラスペンは何十年か前に神田神保町で買ったことはあったが、ペン先が細く尖りすぎていたのか、紙に文字や絵を描くとカリカリとし、しかもインクのフローが悪いためにかすれて使いものにならず、机の奥に冬眠状態で、いつの日にか処分してしまった。

ガラスペンの軸の形状には様々なものがあり、恋心の切なさを感じるものとは知らなかった。その透き通ったプリズムのように清々しい、ナガサワの美女店員が横に立っていた。

「お試しいただけますよ」「お好きなインクで」「ごゆっくり」「ガラスペンの魅力に触れてみませんか」——それは遠い宇宙の彼方からの伝言に聞こえた。

すっきりした三角形の軸をした「トライアングル」という名の品を手にした。四千円ほどと、他のガラスペンに比べて求めやすい価格だった。一見すると手から滑り落ちそうな緊張を感じるが、実際に手にするとしっくり、しっとりとなじむ。紙に黒のインクで「黄昏の神戸」と文字を書き、船の絵を添えてみた。太めのペン先をしているせいか、なめらかで書きやすい。

硼珪酸(ほうけいさん)ガラスの透明度に、思わず三角軸を覗き込んでしまう。すべての不純物を排除したような輝きが、まるで一本の研ぎ澄まされた氷柱(つらら)のように見せる。

この品は、ガラス工芸の第一人者・松村潔さんによる「ガラス工房まつぼっくり」のものだった。美女店員曰く「一回インクをつけると、約四百字書くことができます」と追い討ちをかけてきた。

紙に縦横ぐるぐると宇宙図のような線を描いても、まだインクは残っている。ペン先の形状にねじりを入れることによって、溝の部分にインクが蓄えられると教えられた。

これまでペンといえば万年筆であった。万年筆との違いは、ガラスの

ペン先を拭えばインクをすぐさま替えられるということだ。ただし私には「インク沼」に浸っている余裕の時間はない。インク沼から這い上がるためにも余力が必要だ。

ガラスペンは繊細である。机から転がり落ちれば最後、割れる恐れもある。だが手にしている単純明快な形のトライアングルには、転がり防止機能がさりげなく付いており、机に直接置いても安心でき、しかもペン先のインクが垂れることもない配慮がなされている。

「いかがですか」

クリスタルの声に我に返る。

「ガラス工房まつぼっくりは素晴らしい。NAGASAWA煉瓦倉庫店にも幸多かれ」と言って私は頭を下げた。

ガラスペンを丁寧に包んでもらって新幹線にて帰路についた。颯爽と自宅に戻り、セーラー万年筆の顔料インク「極黒」の沼にガラスペンを浸けて、まずは本を送ってくれた作家に返事を書いた。

インターネットの爆発的な普及と同時に、インク沼の住人も増えている。人はキーボードを叩いて文章を生み出しても満足しない。やはり文

字はペンで、しかもガラスペンで、とじわじわと確実に変化してきた。

ガラスペンの歴史は、なんと風鈴職人の佐々木定次郎氏が一九〇二（明治三十五）年に開発したことにはじまると知る。すでに百二十一年前のことである。大正、昭和の時代は輸入の鋼ペンは高価であったため、竹軸にガラス製のペン先を付けて、学校や役所で使われていた。

文士たちはなめらかに書けるようにとペン先をやすりで調整して、インクフローを良くしていた。しかしペン先にはインクを毛細管現象で送り出すための溝が作られてあるため、先端を丸くしすぎるとインクが流れにくくなって、素人では手に負えなくなる。

作家の森村誠一は、特注のガラスペンを執筆に使っていたのだという。年間消費量は約六百本であったというから驚かされる。そのペンが生産中止になるのを聞き付け、追加として二万本注文し、貸金庫に保管しながら消費していたのだそうだ。「これで書けば万事うまくいく」というペンに巡り合えた時の喜びは計り知れない。

このところ試作している横長に描いた山の風景の絵をコピーして、そこへおもむろにガラスペンで手紙をしたためる。ガラスペンで文字を書

くと、筆記速度が自然とゆっくりになり、文字も丁寧になってくる。次第にカリグラフィーの楽しさが蘇ってくる。書く角度は万年筆よりいくらか立て気味に、紙に対して約六十度のポジションが書きやすい。使い終わったらペン先ごと使い古した歯ブラシで、力を入れずに優しく、溝に残ったインクを拭う。ガラスペンのペン先は衝撃に弱いので、しまう時には鉛筆キャップを付けている。

「極黒」インクとの相性も良い。一度墨汁に浸してみたが、やはり墨汁には毛筆が合っており、ガラスペンにはサラサラしたインク沼がぴったりくる。

手紙やハガキでのお礼状が次第に少なくなりつつある。スマホのメールやＬＩＮＥでの簡素なお礼の返事や用件が多くなってきた。しかしいくら忙しいからといって、いただきものがあった時には、ＬＩＮＥではやはり失礼に当たる。

そんな時にハガキとガラスペンのコンビが良い。ハガキ一枚を書く時間で、自分自身も見つめる。さらにしばらくぶりにおのれの思いをぶつけるような長い手紙も書こう。そして妻へのお詫びの手紙。

こんな時こそガラスペンが本領を発揮する。ジジイには「幸せ」は求

めないが、品格だけは保ちたい。

ガラスペンはいろいろなことを悟らせ、時に慢心する気持ちを落ち着かせてくれる。

三角形のプリズムのようなボディを回しながら文字を書いていくと、鏡に反射するようなキラキラした光を放つ。ペン先と本体の握りが一体となったガラスペンは、ふと魔法使いになった気分にもなり、白いケント紙に小さな仕事のカットをまるで際限なく描いていけそうだ。さらにさらに、古代中国の象形文字を手本に写してみたりもすると、時間が経つのをすっかり忘れてしまう。


ゆとりの時間を作るために、しばらくの間スマホの画面はオフにしてガラスペンで文字や絵を描こう。

そうだ。久しぶりに山の仲間に近況報告を書くことにしよう。

もしかしたら、ガラスペンは精神の余裕を保つために造られたペンなのかも知れない。

そのくらい、ガラスペン・トライアングルは気高く、そして潔く造られている。

百文字コラム

作家と文房具

尊敬する人物の持ち物は気になる。それが愛用の品とわかると、同じものを使いたくなる。

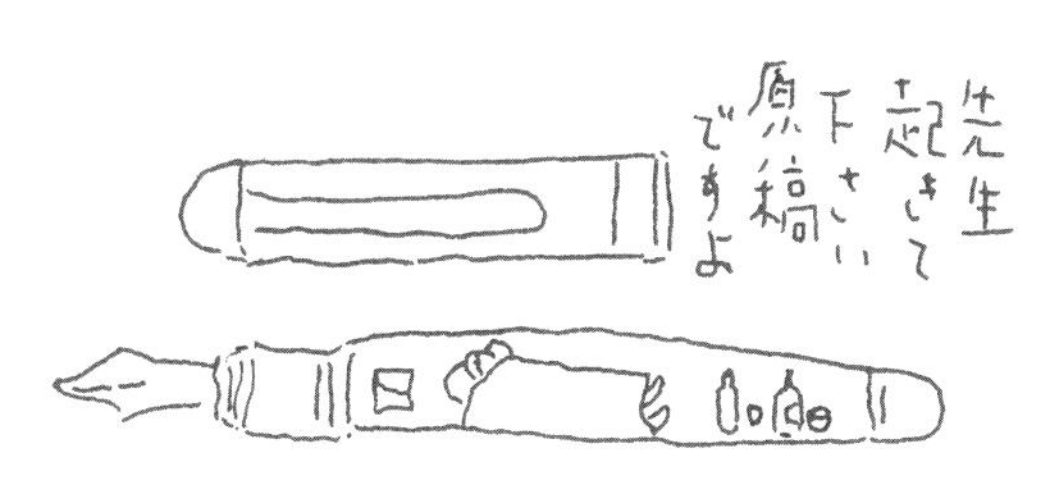

憧れは文房具に憑依（ひょうい）する

伊丹十三の文字に憧れていた。エッセイストとしても有名だが、明朝体を書かせたら日本一という書のデザイナーでもあった。伊丹十三の六〇年代モンブランの金張りペンシルを写真で見て、すぐさま同じものを購入した。

同じものを手にすると力をもらえる

白洲正子の本で見た、モンブランの六〇年代の亀形のボトルインクにも引き寄せられ、探して手に入れた。尊敬する人を真似るのは悪いことではない。ジョン・レノンの丸メガネをかけると、歌もギターもうまくなるものだ。

持ち物から見えてくる人物像も興味深い

伊丹十三がモンブランの万年筆より金張りペンシルを手にした理由が、最近わかった気がする。きっと人にあげてしまったのだろう。愛用の木のペン皿を見て、「この人は他の人がこだわるところは避ける人だな」と理解した。

電子辞書にすがる

一九八〇年代に電子辞書がいくらか発売されはじめた頃に、私は「救われた」と心底胸を撫で下ろした。ちょうどその頃に恥多い物書きの世界に入り、己の無知をひた隠しにしていたのだ。

なにしろ日常使う字が読めない、書けない人間であった。それまでは小型の薄い紙辞書を持ち歩いていたが、電子辞書のスピードには敵わなかった。ボタンを押せば、立ちどころに漢字が出てくるのである。

街は明るく、どこからともなく松田聖子の「青い珊瑚礁（さんごしょう）」が流れ、ソニーのウォークマンをポケットに入れ、若者は都内の歩行者天国を浮かれて歩いていた。

世の中はバブル景気であったが、まだ人々の間では電子辞書は認知されず、注目されていなかった。大型書店の文房具売場の隅っこに置かれ、あたりをうかがうように身を固くしていた。

「字を知らないやつが、こんな安易な物を買うんだな」

擂鉢（すりばち）

「紙辞書がバラバラになるくらいに使いこなして、語学は身に付くものだ」

「エーッ何万円もするのか」

電子辞書は、謂(いわ)れもない迫害を受けてひたすら耐えていた。

私はめげずに無骨な形をした電子辞書をしっかりと肌身離さず持ち歩き、タバコの煙が充満した神保町の喫茶店で、原稿用紙に文字を埋めていた。当用漢字でも誤字を平気で書いていたが、そんな横で、電子辞書は温かく応援してくれていた。ただし電子辞書の窓の狭い、暗い画面には苦労させられた。

やがて、街に流れる音楽もスピッツの「ロビンソン」とギターの音も軽やかになってきた。そんな頃、満を持してカシオ計算機から「EX(エクス)－word(ワード)」が躍り出てきた。まずマニュアルを読むことなく、すぐに使用できる。他社の製品と比べて圧倒的に楽な操作。画面の大きさ。レスポンスの速さ。

カシオのEX－wordはそれまでの電子辞書の中でも最高品、それだけに価格は張る。だが文字を扱う人たちは一斉にそのカシオに飛び付

雪洞(ぼんぼり)

いた。新聞記者、編集者のカバンの中には必携の「電辞」であった。

私が山の原稿を書いていて立ち止まるのは、読めない、書けない山名が実に多いことも理由の一つだ。燕岳（つばくろだけ）、早池峰山（はやちねさん）、武尊山（ほたかやま）、光岳（てかりだけ）、大山（だいせん）などと、常に戸惑う。

そして読めても書けない山も多い。みずがきやま（瑞牆山）、ひうちがだけ（燧ヶ岳）、しりべしやま（後方羊蹄山）、ようていざん（羊蹄山）、ひるがたけ（蛭ヶ岳）、こぶしがたけ（甲武信ヶ岳）と多数を占める。

日本の山は、信仰と修行の神聖な場であった。どの山にも聖なる神々が住み、人々は祈りを捧げていた。そんな中でも羽黒山（はぐろさん）は古くから修験道の霊場として有名であった。さらに山にあったお寺は江戸時代まで学校であった。だからこそ今も学校への往復の時に、行きは「登校」、帰りは「下校」と呼ぶと言われている。

多くの人が山に登るのは、山に救われたいと願うためで、両手を合わせ頂上を目指す。そんな山に誤った字を書いては、神を冒瀆（ぼうとく）するようなものだ。

山の原稿を書きながら、どれだけカシオのＥＸ－ｗｏｒｄに助けられ

たか計り知れない。

九〇年代に入ってパソコンが巷に普及しはじめると、電子辞書も打撃を受けて、撤退するメーカーもいくつかあった。

しかし、カシオが怯むことはなかった。家電量販店でさらに売場を広げていったのだ。特に中・高・大学生の英語に特化した電子辞書、語学向けあるいはシニア向けと、照準を合わせて仕掛けてくる。

カシオファンとしては、アイルランド生まれの家具デザイナー・建築家であるアイリーン・グレイの言葉を思い出す。「物の価値は、創造に込められた愛の深さで決まる」――これがそのままＥＸ－ｗｏｒｄに当てはまる。

何回か買い足し、現在手元にあるのは、ＥＸ－ｗｏｒｄ ＸＤ－Ａ７３００、ＸＤ－Ｚ７３００、ＸＤ－Ｇ７３００の三台に、シャープのＢｒａｉｎ（ブレーン）と合計四台で、たえず叱咤激励してくれる。

ジジイになると日々気が付かないうちに脳が劣化していく。認知症にならない一番の効果として医師がよく口にするのは、「手を動かし、口

を動かし、頭を動かすこと」である。そして旅行に出ることである。

紙辞書は、ジジイには適していない。引こうとしても手先が震えておぼつかない。そして老眼も進むとなると、やはり大文字キーボードの電子辞書が手離せなくなる。

私が手元に置いているカシオくんは、三台とも中国語に特化した電子辞書で、単語を覚えたての初期の頃から頼りにしていた。論語に「六十にして耳順(したが)う」という言葉があるが、電子辞書の中国語の女性の音声は正確なものだ。素直に電子辞書の声に耳を傾けても損はない。

なぜ同じような機種を持っているのかと聞かれても、答えるのは難しい。マニアというものは他人にはわからない、説明しても理解できない悲しさや寂しさ、謎めいたものを秘めている。一台は「デジタル大辞泉」、一台は「明鏡国語辞典」、もう一台は「角川類語新辞典」と贅沢に三台を同時に開いて原稿を書いている時がある。

明鏡国語辞典を開いていると、そこに「見出し語検索」「問題なことば」「類語検索」「スペリング検索」と分類されており、確かに一台で事は足りるが、見比べながら素早く一気に検索するとなると、やはり不便になってくる。

紙辞書の時も、何冊もの辞書や地図、参考書を広げて最も適した言葉を拾って書くものである。私は文章を書いている時は、漂流して無人島にたどり着いたような、いつも曖昧で不明瞭な気持ちに翻弄されている。そして文字を書いていて、油断すると思わぬ落とし穴が行く手に控えている。「奇を狙う」と書いていた時があったが、「奇を衒（てら）う」が正しいと「問題なことば」のコーナーで教えられた。さらに「進出鬼没」は「神出鬼没」が正しいとハッと我に返る。無学の者は、たえず紙辞書だろうが電子辞書だろうが、我が身を振り返り辞書を引かなくてはならない。

スマホのアプリ辞書があれば充分という者も多いが、ジジイになってくると、スマホの文字のタッチパネルが小さくて、素早く調べられない。さらにスマホには余計な情報や広告が多く、あれこれいじくっているうちに、不意にＬＩＮＥメッセージが届いたり、ネットサーフィンの波に溺れたりして、本来の「適切な文字を見つける」という目的から外れ、原稿書きも徒労に終わってしまう。これはパソコンで原稿を書いている人にも共通して当てはまる。

つい最近加えた、シニア向けのシャープのＢｒａｉｎについては、カ

シオと同じくキーボードのキーが大きく扱いやすい。とりわけ国語関係がジジイを虜にする。

「三省堂スーパー大辞林」からはじまり、「旺文社全訳古語辞典」「俳句歳時記」「家庭の健康べんり事典」と、こちらの感じやすい心を見抜いた、憎いジジイ殺しの電子辞書である。

たとえば旺文社全訳古語辞典の「冬」を選ぶと、古今和歌集より「冬枯れの　野べとわが身を　思ひせば　もえても春を　待たましものを」が現れ、音声も出てくるので、思わず小さく自分の声を合わせて合唱していく。

「野火に燃えた草は春には再生するが、私の恋は再生することがない」そういった嘆きの解釈がしみじみと身にしみる。

和歌は、黙読と音読とではまったく理解度が違う。音声付きは今後のジジイの必須アイテムになるだろう。

電子辞書のコンテンツも年々増えていくが、それらを全部チェックすると疲労困憊となり、めまいがしてくる。

手にしているＥＸ－ｗｏｒｄのＸＤ－Ｇ７３００の中でよく開く秘密

の扉は「生活・実用3」である。この中の「日本文学2000作品」「世界文学1000作品」、さらに「クラシック名曲2000フレーズ」を、ジジイは暇があって、持て余している時に直視している。いや、じっくりと聴いている。

「クラシック名曲2000フレーズ」は、とにかくすごい。作曲家名・作品ジャンル・作曲年代までは前モデルにもあったが、さらにアップグレードしてXD－G7300には「クラシック人気ランキングTOP50」が追加されている。

ここには耳慣れた名曲が入っており、「あっ、この曲は」と思ったものの情報を確認。たとえばそれがショパンの「夜想曲第20番」であると知り、アマゾンにCDを注文したりと忙しい。この「クラシック名曲2000フレーズ」はEX－wordの誇りである。

さらに旅行の時には、予備の電池をザックに入れていく。時にお寺や神社を歩く時は、「日本大百科全書（ニッポニカ）」が入ったEX－wordが役に立つ。寺院の現場に立ちながら、百科全書を開いて知識を深めると、気持ちが凜とする。

これがスマホだと、例によって土地の周りの余計なレストランやホテ

ルなどの広告やらの、情報がチラつき煩わしい。便利なものも行きすぎると、うっとうしいだけなのである。

　六十代になり、北京を中心にして中国各地を旅行してきたが、語学に重点を置いたカシオの電子辞書が八面六臂（はちめんろっぴ）の活躍をしてくれた。

　初級の中国語であたふたしていた私が、よくも途中で投げ出さなかったものだと、自分でも感心していた。

　その大きな理由は、現地の人とわずかであったが会話ができたことだ。何度も北京に行くことによって、いつの間にか作家や書店員と顔なじみになれたことも、カシオくんのおかげである。ただの物見遊山の旅から一歩深く、その国の顔が見えてきた。

　たとえばホテルに泊まり、次の日に会う出版社の人に聞きたいことをノートへ箇条書きにする。こちらの語彙が少ないので、それほど深い話はできない。しかし電子辞書には例文がいくつか載っているものだ。目当ての言い回しに近いものを見つけ、必要な単語を組み込んでいく。特に中国語は発音が命と言われている。音の上げ下げを大袈裟にでも口を大きく開けて言わないと伝わらない。この時に電子辞書内蔵のネイティ

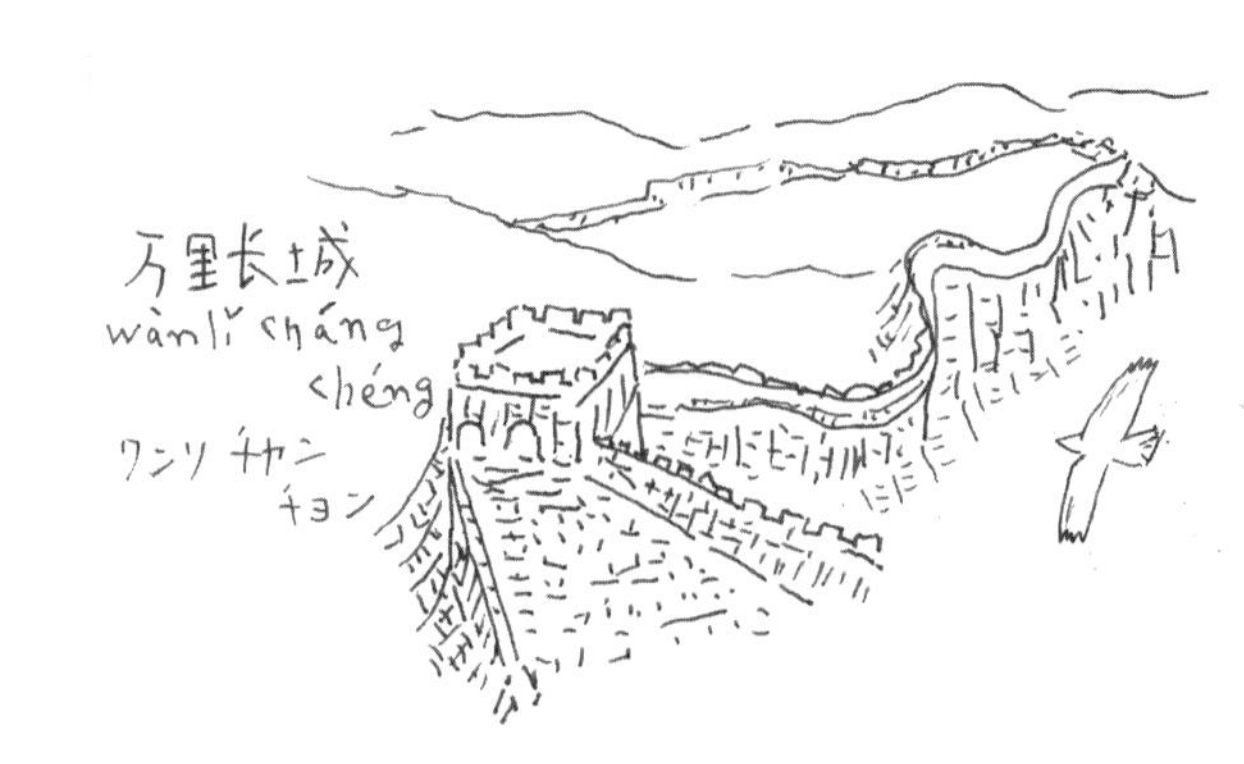

ブの音声が威力を発揮する。

ホテルの部屋で電子辞書を手に発音しながらつま先立ちをして、うろうろと歩いている。そんな予行演習をしてもいくらも通じないが、相手はこちらが何を言いたいのかだけは理解してくれるはずである。


カシオくんと中国大陸を旅したこの十五年は無駄ではなく、思い出あふれる旅ができた。

老眼が進み、紙辞書が読めなくなったジジイたちは、電子辞書になだれ込み、もう一度青春時代を振り返り、語学や短歌にのめり込んで、人生の哀愁を感じながら歩む。

電子辞書はこれ以上にグレードアップするとは思えないが、どうかジジイを救うためにも、絶対に生産中止にはならないようにしてほしい。

そして娘の中学生になった孫たち兄弟も、カシオくんを愛用して英検3級に合格した。


東京外国語大学から新聞社に入った自信過剰な、誉れ高い知人の女性がいる。学生時代には英和辞書、和英辞書、さらにフランス語専攻なの

で仏和辞書、和仏辞書と、いつも四冊の辞書をザックに入れ、重くて体をふらつかせながら通学していた。

とにかくフランス語の教師が厳しく、辞書を持ってこない学生が授業に出ると教壇から白墨を投げつけてくるのだ。

やがてカシオの電子辞書が登場すると、教師は厭味（いやみ）たらしい顔を見せながらもしぶしぶ認め、重い四冊の紙辞書から解放された。

彼女は言う。紙辞書はめくり出し、書き込みが多くなると、分厚く膨らんで、元のケースに収まらなくなる。ダンボールに花柄のシールを貼り手製のケースを作った。それはザックにそのまま入れると辞書がめくれて傷むからだ。何回か手製のケースをあれこれ考えて製作したことが、今となると懐かしい、と話していた。


電子辞書に救われ、紙辞書を読むのはつらい身でありながらも、ジジイはまだまだ紙辞書にすがりつき負けてはいない。以下に挙げる紙辞書は秀逸揃いである。

『ど忘れ漢字字典』（教育図書株式会社）、『日本語使い分け辞典』（日東書院）、『伝わる　ことば探し辞典』（三省堂）などは、まるで隙間産業の

ごとく人の心に分け入ってくる。

紙の中国語辞書も便利で、なかなかしぶとい。『はじめての中国語学習辞典』（朝日出版社）、『ベーシッククラウン中日・日中辞典』（三省堂）、『50音引き中国語辞典』（講談社）、『岩波 漢詩紀行辞典』（岩波書店）、『日中ことわざ辞典』（同学社）などはせっせと引いている。

このところ市内の中国語教室も閉鎖され、次第に遠くなりつつあるので、これを機会に奮起したい。

また、中学生用の『マイスタディ英和辞典』（旺文社）は引きやすく見やすく、絵が多くて楽しい。私が中学生だった時にこの辞書があったら、もっと英語学習に力を注いでいたのになと恨めしく思う。

自動車の機能が向上すると、自転車もさらに快適にと改良してくる。紙辞書と電子辞書は、そんな相互関係に似ている。当分は仲良く走っていくことだろう。

どちらにしても辞書類は人間にとって永遠に寄り添ってくるものである。辞書は裏切らない生涯の友だ。それだけに、知恵を絞った辞書がこれからも次々に登場してくるはずである。

文房具コラム　マックス10号氏との対話

紙を綴じるホッチキスはJIS規格ではステープラという。米国人のベンジャミン・バークリー・ホッチキス（一八二五―一八八五年）が開発したといわれる。機関銃の弾丸送り装置から思いつき、流れるような針送り装置を考案した。

日本では一九五二（昭和二十七）年に山田興業（現マックス）により「SYC・10（その後MAX・10）」という名で発売され爆発的に広がった。携帯可能な小型ステープラは、学校、職場、家庭になくてはならない文房具となった。

私の机の中にも「マックスHD-10」のホッチキスがある。四十年近くひたすら使用していながら、まったく故障もなく動いている。

以下、マックス10号氏に登場いただく。

沢野　私の父は、紙や書類を綴じる時には〝こより〟を使っていました。どの会社も官公庁も、その頃は和綴じでしたから、こよりが活躍しました。

マックス　私の生まれる前とはいえ、話には聞いています。

沢野　一九七三年の秋にフランクフルトのブックフェアに参加しました。ヨーロッパ中を二週間かけて回り、その旅行の時に、JTBのツアーガイドさんの小さなカラーホッチキスに感心したんです。

マックス　おそらく弊社のハンディーな10枚綴じ〝カラーギミック〟の前身でしょう。

沢野　私は旅行ノートに、美術館の入場券や栞（しおり）を、クリップやスティックのりで貼っていたのに、ガイドさんはとにかくパチパチとすべてホッチキスで留めていた。

マックス　その方があとで針を外し、再度整理したり精算したりする時に便利です。

沢野　そうなんです。のりで貼ると、あとから移動させたい時に汚れてしまい、せっかくの旅のノートが美しく仕上がりません。

しばらくマックス氏とのコーヒータイムとなり、二人はさらに熱く語り合う。

沢野　発売当初は自分の使い方では、針の送りがスムーズにいかなかったり、針が少なくなると針押しの金具に引っかかったりして、癇癪（かんしゃく）を起こし騒ぐことがありました。

マックス　現在ではそういったトラブルは、すっかり解消されました。

沢野　それにしても他の文房具と比べて、ずいぶんメカニック中心ですよね。

マックス　改良に改良を重ねる年月でした。

沢野　針の形状をじっくり見ると、内側に曲がるように設計されているのですね。

マックス　コの字形の針を、英語でステープルと言います。

沢野　それに押した時に針がスムーズに内側に曲がる溝もたいしたものです。

マックス　あの曲げ台は傷摩耗を防ぐために、さらに硬く加工してあるのです。

沢野　うーん、なるほど。

　私はそこでコーヒーをおかわりして、腕組みをする。

沢野　バネの力で針を先端に押し出し、正確に一つ一つ出るのもすごいことです。

マックス　以前は一度に二本押し出してしまうこともありました。〝プッシャ〟といって、神経を使う部位でした。

沢野　時計のように正確に動かないとホッチキスは使えませんからね。

マックス　嬉しいお言葉です。私にもコーヒーのおかわりをください。

沢野　綴じた紙を傷つけずに、針を除く機能も後ろに付いていますね。

マックス　除針器、リムーバです。小型の10号にはすべて付けております。

沢野　しかしホッチキスの出現により、和綴じがなくなり、縦書きも減って、すべては横書きになってしまいましたね。

マックス　そうですね。

沢野　ホッチキスの罪、ですよね。

マックス　……。

沢野　日本の字に横書きは合いません。最近はペン習字さえ横書きで練習している。けしからんことです。

マックス　……。

沢野　日本の文化は縦書きから生まれました。万葉集も横組にしたら眠たくなります。

マックス　……。

沢野　なんでも欧米に追随することはない、けしからん。

マックス　……でもパソコンやスマホの表示はほとんど横書きですよね。

沢野　だから嫌いなのだ。ワシはこの嘆かわしい日本の現状を怒っている。もういい、帰る。

マックス　あの、こちらのコーヒー、まだですか……。

軽井沢の別荘と巻尺

この数年、コロナ禍の影響で在宅テレワークの時間が増えてきた。自宅の机の上での仕事が増えてくると、気になるのがテーブルとイスの高さである。

日本人の身長が伸びてきたせいか、昔より二センチ高くなった国際標準に合わせて、机は七十二センチ、イスは四十二センチの高さが標準になり、家具のショールームではそれらの家具が展示されている。机の高さが動かせないなら、せめてイスだけでもと、上下がスライドできるものの人気が高い。

購入する時に自分の身長に合わせて、慎重に机やイスのサイズを選ぶ必要がある。ただし、「標準」という落とし穴にはまってはならない。服やあるいは登山靴を選ぶ時に、標準サイズのことが頭にちらつくと、妙に丈が長くなるか、靴擦れかマメで泣きをみるだけである。

私が使用しているワークテーブルは、富山のＫＡＫＩ工房に注文し

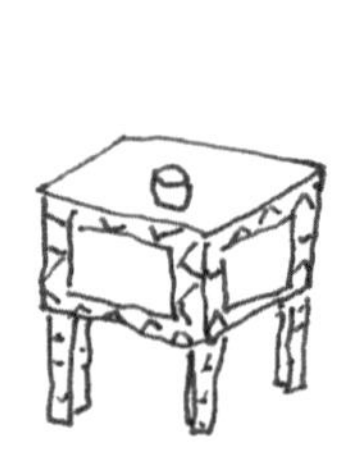

た。テーブルのサイズは奥行が七十センチ、幅が百八十センチ、木の厚さが四センチと一見無骨に見える大きさだが、幅があるのでバランスが良い。問題の高さは七十五センチ、イスは四十四センチと標準サイズより二センチほど高く、私の身長に合わせている。幾分高めに製作者は提案し、こちらも承諾した。

この机とイスを四十数年愛用しているが、長時間原稿や読書をしていても、体への負担は何も感じなくすこぶる快適である。

ただこの机の高さにパソコンを持ってくると違和感を覚え、昔ながらの丸い折りたたみができる、松本民芸家具のバタフライテーブルを使っている。この七十センチの高さは、手をキーボードに載せた時に安定感がある。

私はいまだに原稿用紙に万年筆で字を埋めている漬物の石に似た古いタイプの物書き人間ではあるが、パソコンでメールチェックやサイト検索などのオンライン使用はする。また、ｉＰａｄ Ｐｒｏを使うようになってから、イラストレーションを描いたりするだけでなく、文章入力も少しずつするようになった。画面の光で目が疲れるものの、便利なものには従順でありたい。

机の大きさは、どうしても部屋の大きさによって左右されてしまう。もしも階段の下の小さな空間が仕事場なら、当然コーヒーテーブルのような小さなものしか置けない。その上にパソコンを置くなら、高さはちょうど良いバランスになるだろう。

また谷崎潤一郎の主張する「陰翳礼讃（いんえいらいさん）」ではないが、畳と障子のいくらか薄暗い和室の明かりの中で、座卓の前に正座してパソコンで、道ならぬ恋の小説を書けば、名作が生まれる気がする。

私は別荘に関してきわめて「愛憎の念が入り混じる」複雑なタイプである。特に八ヶ岳や軽井沢の高原に「いつか別荘を」「平屋の小さな家を」と思いながら列車や車で通っていた。そのたびに愛と憎しみが入り混じり、時には能面のような形相で別荘地を冷静に見つめては、自分の憧れを押し殺していた。

年に何日滞在するのかと自己に問い、こうなると別荘の耳年増も年季が入り、別荘を持つ喜びよりも管理、維持、経費、苦悩、薪ストーブ、失敗といったネガティブな方向に思考が向かって、ひとりうなずきなが

ら最後には「別荘は最上の無駄遣いね」と貧乏神同士と地元の居酒屋で祝杯をあげている。

十年前にアパレル関係の羽振りの良い夫婦が、軽井沢に別荘を買った。その親しい友人に誘われて、夏に冷やかしに車で出かけた。

行ってみて驚いたのは、中古の別荘を買ったというが「居抜き」の別荘であり、その類いを初めて目にした。机やイス、チェストといった木の家具の質の渋さに非常に感心した。シンプルで、大切に使用されていたのか、木目が飴色になっていた。

平屋の家は子どもがいない二人で住むのにはぴったりの大きさで、これまで見たことのないシンプルな造りの木の家であり、質素でいて住みやすそうな室内であった。なによりも床の木の厚さが羨ましい。アメリカ人の外交官が何十年と愛用して暮らしていたと聞いて納得した。

窓の大きさ、部屋の配置もきちんと設計されて無駄なところがない。玄関から上がると、一段高くなった部屋では室内用の靴に履き替えて生活していたのだろう、床の木目も汚れていない。

ただしトイレとキッチンの水回りと、暖炉は新しく手を入れたために

だいぶ金額が張ったという。

私はミルクティーをいただきながら、何か欠点を見つけて厭味なことを口にしたいところだったが、「これほど素晴らしい別荘は見たことがない」と思わず本音を口にしてしまった。

旦那は元のアメリカ人が使用していたロッキングチェアを揺らしながら、窓の外を見つめふとつぶやいた。

「人間は立つ、座る、寝る」「人生の約三分の一はイスで過ごします」

相手が何を言いたいのかよく理解できないでいた。奥さんが作ったパッチワークの見事なイスのカバーを褒めると、私の友人はしきりにうなずいていた。

「そのイスなんですが、どうもここに来てこのイスに座ると疲れるのですよ」と、ピンクのセーターを肩に掛けた夫人は思わず溜息をつくように口にした。

私はバッグから巻尺を取り出して、大きなテーブルとセットになったイスの高さを測ると、それは四十六センチであった。この奥さんの体格にしてはたしかに高すぎる。

「テーブルもイスも四センチ、すべて切るといいです」と言うと、旦那

はロッキングチェアから身を起こし、「巻尺を持って別荘に来た人は初めてです」と目を大きく見開いた。

「テーブルとイスの脚を四センチも切る」「私はノコギリを触ったことがないので、到底そんなことはできません」と彼は言った。

私は中軽井沢で工務店に勤めている知り合いがいたので、その場でスマホから電話すると、「まあ費用はいくらもしない」「頼まれれば仕事の休み時間にでも若者に行かせます」とすぐさま返事があった。

旦那とテーブルとイスのことをあれこれ話していると、小柄でチャーミングな笑顔の夫人が私を寝室に案内し、木製のベッドを指さして「これも高すぎるのよね」と眉をひそめた。私は巻尺で測りもしないうちに「これも四センチ切りましょう」と提案した。そっと横に立っていた旦那は「すべての脚は四センチですか」と、いつの間にか白ワインを手にしていた。
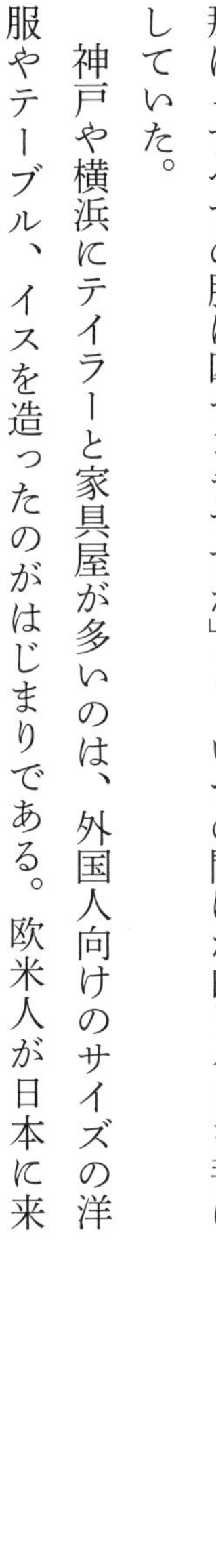
神戸や横浜にテイラーと家具屋が多いのは、外国人向けのサイズの洋服やテーブル、イスを造ったのがはじまりである。欧米人が日本に来

て、まず我慢できなかったのはイスの低さであった。座が低すぎて体が前かがみになり、姿勢が安定しないのだ。急いで一番最初に家具屋に机とイスを注文した。そしてアメリカ人はサラダ用のレタスを求めた。

二人の寝室の窓の外には、雑木林が覆いかぶさるように茂っている。家の周りには何十年も剪定されていない樹々があり、昼間でも明かりをつけないと暮らせない不便な生活にしいたげられている人がいる。こういう木に囲まれた家は、当然風通しも悪く、別荘にいながら湿気に悩まされる。さらにキッチンや押し入れにカビが粉を吹くことになるのだ。

高原の別荘に住むと意外に霧が多いのに気づかされる。別荘は冬の寒さや雪より霧がくせものである。近年定住者が多くなって、最初のうちは「ミストシャワーのよう」と幻想的な風景に見とれていても、霧が多いと湿気も充満してくる。

特に軽井沢は霧の多い町である。東の碓氷峠の下から発生する上昇気流は、軽井沢台地を上がってくると、空気が膨張して気温が下がり、霧が発生する。

軽井沢の標高は約一千メートルであるが、峠の下は四百メートル弱しかないために、峠を越える時に急激な気温の低下を起こす。軽井沢でも、西側の中軽井沢や追分、佐久市に近い別荘エリアは霧の心配は少なくなる。定住となると洗濯物、そして寝具、書籍の保管、結露対策にも注意しなくてはならない。

それでも旧軽井沢は抜群に人気が高い。お金に余裕のある人は見栄も強く、「北軽や追分あたりでは軽井沢とは名乗らないで」と、口には出さないが心の中で念仏のごとく思っている。

軽井沢のような「沢」がつく土地は、もともと谷や川の湿っている場所を指す。八ヶ岳の小淵沢、白井沢の地域も同じように湿気が多く、じっとりしている。ついでに「沢」の付く「沢野」といった苗字の某人物も全体に暗く、否定的な考え方に話題を落とし込む傾向がある。

さらに厄介なことに、近年の地球温暖化の広がりもあって、軽井沢にしても夏はクーラーを設置しないと生活ができず、「暑さのために東京の自宅にまた戻ってきた」と悲鳴をあげる人がわらわら出てきた。

別荘の旦那さんは、家の周りに茂った樹々を見ながら「これを全部切

ったら、明るくすっきりするでしょうね」とポツリと言った。地元の造園業者は、都会から来た別荘族は「部屋が暗い」と言ってすぐに木を切りたがる、と嘆いていた。一年住んでみて伐採するか検討しても遅くはない。木は一度切ってしまうと、生長するのに何十年とかかる。

「森の木は残し、別荘の木は枝だけ切る」

私はこれまで数々の知人の別荘を見てきたので、固い信念を持って言った。

「枝を落とすと、いくらぐらいかかりますかね」

「おそらく数万円、いや五万は最低かかるかな。いや木の撤去を入れると十万かな」

「うーん、十万円ですか」

「アパレルの会社、うまくいっているのでしょう」

そう言って、すぐさままた工務店に電話して土地の広さを伝え、ひと抱えほどある大きな木も多いので、と言うと、まだ見てもいないのに「ざっくり、二十万円は超える」と回答してきた。

切った枝は、保管場所を作れば暖炉の薪として数年分は賄える、と工務店の人は一石二鳥のことを言った。

アパレル旦那は帰り際に、会社の設立三十周年の特別記念スウォッチの腕時計とTシャツをお土産にくれた。

さらに旦那は工務店に頼み、すぐに実行に移し、テーブルもイスもベッドも脚という脚を、庭の樹々も業者にお任せして剪定したとのことだった。ベッドに至っては、工務店の人に従い脚をなんと思い切って十センチも切ることにしたそうである。

一番喜んだのは奥さんで、その後はひとりで定住することを決意し、庭で紅茶を飲みながら、毎日モーツァルトの曲を流していると聞いた。旦那は年々低迷するアパレル産業の仕事に奔走していて、別荘に行く暇もないそうだった。

数年の時が流れ、旦那から不意に電話が入った。なんとあの素敵な奥さんが突然病気で亡くなったと聞かされた。そして、これを機に軽井沢の別荘の売却をしたいと小さな声で言った。

「もし気に入ってくれたのなら、どうですか」と、「捨て値」という言葉を挟みながらたたみかけてきた。そして「居抜きで買いましたので、

また居抜きの家具付きで」と言った。

私は出し抜けに四センチ短くしたテーブルとイスのことを思い出した。私にとっては、あの元の高さがぴったり寸法に合っている。

「どうですかね、特別にということで」

提示された金額は、なんと相場の十分の一であった。

私はテーブルとイスを短くしたことを深く深く悔いた。

「覆水盆に返らず」と、遠い森から聞こえてくるようであった。

百文字コラム　美しい文字とは　その2

文字の美しさとは、形が綺麗に見えるかどうかではない。心の形なのだと書に教えられた。

良寛の書との巡り合わせ

十五年ほど前に富山へ行った時、駅構内で偶然「良寛生誕250年記念—良寛展」のポスターが目に入った。帰路の空き時間にまず一杯、と思っていたが心を入れ替え、開催中の富山県水墨美術館へ急遽タクシーで向かった。

心に響く文字は線から訴えかけてくる

平日の午後遅くで館内は静まり返っていた。当時私には書道や良寛の知識はなかった。良寛が古希を過ぎた晩年の漢詩「草庵雪夜作（そうあんせつやさく）」のひっそりとした静寂感あふれる書を前に立ちすくみ、優しく包み込まれる心地になった。

そして自分の文字に向き合う

文字には人格が反映する。見栄っ張りははったり文字を書き、ひねくれ者は文字もねじ曲がっている。良寛の純朴な精神と気品のある書に、ただ頭（こうべ）を垂れた。帰りの列車で、図録からその書を手帳へ健気（けなげ）にも書き写していた。

鉛筆削りにすがる

歳を取ると人は丸くなり、穏やかになる。そう信じてジジイは、月日が流れていくのに身をまかせてきた。

福沢諭吉は「其交際に害あるものは怨望より大なるはなし」と『学問のすゝめ』に綴る。人を恨むこと、嫉妬はなんの心の足しにもならないと諭している。

たしかにその通りだが、人は神に近づくことはできても、神になることはできない。

つまり、妬み死ぬまで人は嫉妬で苦しみ、人を恨み、妬み苦しむ。

どんなに着飾って街を歩いている人も、一皮剝けば、その人の容姿、性格、職業を超えて、みな嫉妬に苦しみ、嘆き、反省している。

この悩ましい感情を一生消すことはできない。では少しでも取り除くには、どうしたらいいのだろう。妬みを忘れ自分の向上心を高めるために、さらに仕事に集中するしかない。

我を忘れ、根拠のない自信を付け、心機一転波乗りサーフィンに無我

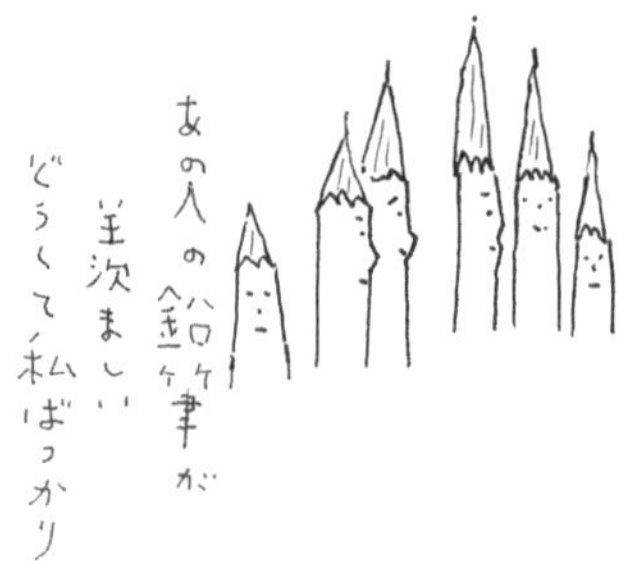

夢中になり、離島で蟹と暮らす。または老後の不安を、渋谷駅前で若者たちに繰り返し、洗脳するように話す欲望に駆られる。

私はある尊敬する先輩ジジイから言われた。それはなんと「気楽に生きよう」であった。これは明白で間違いない。さらに、「受けた愛は石に刻み、与えた愛は水に流そう」とも言った。

定年を過ぎた者の心の支えは、骨董品集めや、野山歩きや、船釣りではない。つまり行き着くところは文房具と最近私は強く認識した。

自分勝手に生きてきたジジイにも、遣り場のない怒りや悲しみが押し寄せる時がある。そんな時は文具売場、しかも鉛筆削りコーナーに立ってみよう。「こんなに種類があったのか」と、今まで見向きもせず通り過ぎていった鉛筆削り器の前で、ハッと悪夢から覚める。

「鉛筆を削るのは、いつもカッターナイフでいい」と言うジジイも多いが、それでは鉛筆は恨み、ひそかに不満を抱いていたはずだ。削りカスが螺旋の8の字を描くように巻き貝のごとく、鳴門海峡の渦潮のごとく、美しく削れていくのを認識していないのだ。

鉛筆をゆっくりと裸にしていく快感も知らない。ぐるぐると身ぐるみをはがしていくと、今まで見たことのない木肌の匂いや色気を鉛筆は発散させてゆく。

鉛筆削りは製品の種類によって、それぞれ異なった削り方ができる。なんと削り方によって、鉛筆の書き味も大胆に変わってくる。

一番シンプルでコンパクトなステッドラーのシャープナーは三百六十三円と安い。一方、手回しのカランダッシュのメタルシャープナーは三万三千円と値が張る。これは一九三三年に生まれた歴史ある製品で、部屋のどこに置いても存在感があり、シルバーが基本色だが、近年違う色も出てきており、スイス国旗の色をしたレッドの赤色が目に焼きついて離れない。その高級感をあたり全方位に漂わせている。

私はジジイになるにつれて、鉛筆の数ほどではないが、鉛筆削り器をかなり蓄えてきた。一台あれば充分という人は、万年筆は一本あればいいでしょうと笑う、ケチで器量の狭い人である。

悩みを抱え、自分の振る舞いを抑えるために、文房具売場に行き、その時の気持ちの迷いを代弁するかのごとく鉛筆削り器を購入してきた。

少し例を挙げよう。

❶旅行の時に透明なペンケースの中に必ず入れているのが、「ステッドラー シャープナー（2穴）」である。普通の鉛筆用と太い色鉛筆用の2つのサイズの挿入穴があり、使用頻度が高い。合金製の本体側面に縦線の切り込みがつけてあり、握っても滑らない。コンパクトでいながらシャープな切れ味で重宝している。削り口の仕上がりは、芯の出方が短めで折れにくい。四百八十四円という価格はお値打ちと思う。

❷トンボ鉛筆の「ippo（イッポ）！ W（ダブル）シャープナー」は、削りカスが外に出ないプラスチック保護ケース付きで二百二十円と手頃。鉛筆・色鉛筆用と二つの挿入穴があり、六角・三角・丸軸に対応している。刃にある「NJK」の刻印は、樹脂成形と刃の精度に優れた中島重久堂製であることを示している。

❸ドイツ製のKUMの「ケズリキ オートマチック」は、細かく鋭い線を求める製図に向く。挿入穴は二つあるのだが、一本の鉛筆を削るためだけにある。ひとつの穴は鉛筆の木軸のみを削るためのもので、もうひとつの穴は芯のみを削るためのものなのだ。まず前者の穴で削ると、

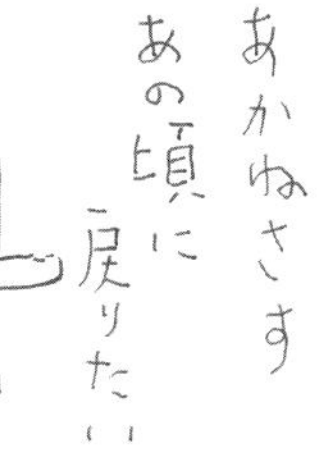

芯はまるまる残った状態のものになる。このまま芯を尖らせずに書いてもいいし、後者の穴で芯を尖らせてもいい、という変わった鉛筆削り器で、他に2ミリ、3・15ミリ芯を削る穴も付いている。八百八十円と値は張るが、多機能を思えば許容範囲である。これは、持っているとかなり自慢できる。

ここまでのタイプは、己の手で鉛筆本体をぐるぐる回して芯を削っていくが、さらに人間の欲望は果てしない。楽にハンドルをぐるぐる回す、大型手動式高品質鉛筆削り器を、いつの日か書斎に置きたくなる。

それを満たすのはカール事務器による鉛筆削りの王道「エンゼル5（ファイブ）ロイヤル3（スリー）」である。0・5ミリと0・9ミリの二段階の芯の調節機能がある。どっしりとした重さに、丈夫で飽きのこないデザイン性の高さが印象的で、「百年の匠　長寿命商品」とカール事務器がうたうだけに、絶対の自信作といえよう。

私の友人の画家は、三十年近くカール事務器の鉛筆削り器を愛用しており、左側は上部を手で押さえるため全体に塗られているクリーム色が

いくらか色褪せたが、動作にはまったく問題なく毎日ぐるぐるさせ、「鉛筆削りはカールだ」と、会うたびに賛賞している。

鎌倉の自宅の敷地内に八畳ほどのアトリエを建てて、毎夜制作に励んでいる。そんな彼が不意にしのびよる霊現象を感じたのか、家の外から時々女の低いうなり声がするというのだった。気味が悪くなってそっと窓を開けると、林の奥に髪を垂らした裸の女性の姿が見えた。「誰」と小さな声をかけると、すっと姿が消えた。

そんなことが夏から秋にかけて何度かあり、近くのお坊さんに相談すると、「林の中に、もしかしたら霊が」と恐ろしいことを言われ、そのお坊さんにお祓(はら)いをしてもらうことにした。

だがそののち二週間もすると、また布がこすれるようにシクシクと泣く女性の声がしはじめた。あまりの恐怖にまたもやお坊さんにすがりつくと、「何か思い当たることは」と言われ、自分にとって封印したい、人には言えない女性関係の不名誉な汚点があることに行き着いた。お坊さんから「詫びて祈ることで救われます。お札もアトリエに飾りましょう」と言われ、高額なお布施を払った。

だがお布施の金額がまだ足りないのか、泣くような、時には笑うよう

な声が林の方から聞こえてくる。いても立ってもいられず、思わず近くにあった鉛筆を握り、「南無阿弥陀仏」と唱え、カール事務器の鉛筆削り器に入れて、次々に雑念や邪念を払うようにぐるぐる削っていくと、何か心と体が解放され、清々しい気持ちになり、窓を開けて林の奥をよく見ると、なんと大きなシュロの葉がこすれる音が、その正体だった。

その葉が海風によって幹肌に触れて、女性の悲鳴のようなかすれる音を立てていたのだった。さっそく植木屋の職人に来てもらい、伸びたシュロの木を根元からばっさり切り倒し、周りの伸びた木も剪定してもらった。するとアトリエの周りは明るくなって、その後は呪いの声もすっかり消えていった。

職人は、「シュロの葉がこすれると、本当に大人や赤ん坊の泣き声に聞こえ、その原因もわからず気の病になった人もいます」と苦笑した。

それいらい、彼の絵は明るくなって好評を博し、逆に絵を描くことがはかどらず、行き詰まり発想が途絶えた時には、引き出しから鉛筆をずらりと並べる。そしてひたすらカールをぐるぐるさせるようになった。そうすると、心穏やかに落ち着き、新しいキャンバスに向かえると微笑む。

さて、普通の人は絶対に持っていない鉛筆削り器を、私は持っている。アスカのデッサン向けの手動ハンドル式鉛筆削り器、その名も「デッサンメイト」をひそかに隠し持っている。他人に言っても信じてもらえないが、なんと七段階に芯先が調整できて、小さな手回し式削り器の削り口全体の長さがだいたい十八ミリ、通常のハンドル式削り器では約二十ミリのところ、これはなんと約三十ミリと長く長く削れる。

デッサンの時に、鉛筆を寝かせるかのごとく芯の横腹でコントラストをつけながら絵を描くための、専門鉛筆削り器である。

鉛筆を挿入口の奥まで挿し込み、ぐるぐるハンドルを回すと、ふっとハンドルが軽くなり、そこでハンドルを逆回転させて鉛筆を抜く。その長い長い芯、しかもまるで美術品のような螺旋を描く削りカスを見ると、それだけで大きな仕事を一つやり遂げたような達成感を味わえる。だが私のデッサン力は相変わらず幼児より劣る。

このデッサン向けの鉛筆削り器は、やりすぎだと責め立て非難する人がいるかも知れない。そういう人は確実に老化現象を起こしている。お

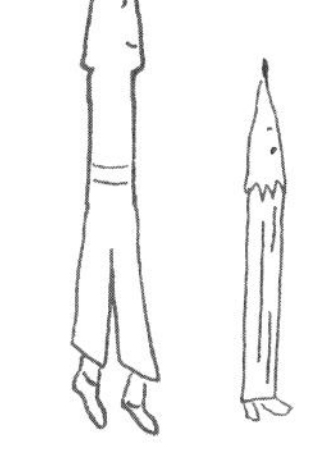

そらくこの先、「全自動削り口形状デザイン式シャープナー」なるものが登場しても拒否することだろう。

全自動洗濯機を使用していながら、鉛筆削り器の全自動を烈火のごとく怒るようなら、ジジイを名乗る資格はない。寛容に全自動鉛筆削り器も認めなくては、天国に行った時に話題に困り仲間外れにされる。

シャープペンシル用の削り器もある時代だ。いつまでも古い考えにとらわれていると、振り返れば友もいなくなり、相手にしてくれるのは飼い犬のポチだけになってしまう。

今こそ、鉛筆削りに寄り添いすがろう。

百文字コラム　絵を描くための文房具

画材も文房具のひとつであり、適材適所に選ぶ。絵を描くために使う文房具を紹介したい。

長年使う、面相筆と墨

一九七六（昭和五十一）年創刊時からかれこれ四十八年描く『本の雑誌』のイラスト原稿には、ファブリアーノのスケッチブックに面相筆、奈良の墨に北京の硯を使う。墨汁では仕上がりが濁ることから、必ず固形墨を磨る。

挿絵カットにはトレーシングペーパーも

出版社を辞める時には、王子製紙から厚手のトレーシングペーパーをＡ４判で五千枚購入した。これにステッドラーの０・３ミリ顔料マーカーの黒インクで絵を描き、イラスト原稿にしている。長年使って、ずいぶん消費した。

ガラスペンも手になじむ

この本のイラスト原稿は、マーカーのコピックで知られるＴｏｏのＰＭ ＰＡＤ用紙に、まつぼっくりのガラスペン（１１２ページ参照）とセーラー万年筆の顔料インク「極黒（きわぐろ）」で描いている。ガラスペンもすこぶる絵に向く。

パリに恋して

二〇〇〇年前後の数年間、パリへ秋から冬にかけて繰り返し、何かに導かれるごとく通い続けた。そのきっかけは、近代建築の巨匠ル・コルビュジエの建築をひと通り見て回りたいと思ったからだった。

市内の建物から、郊外のサヴォワ邸。そしてスイス国境近くのロンシャンの礼拝堂。リヨンの郊外にあるラ・トゥーレット修道院。マルセイユの集合住宅ユニテ・ダビタシオン。南仏はコートダジュール、カップ・マルタンの小さな休暇小屋。眼下に地中海を望むカップ・マルタンの休暇小屋は、ル・コルビュジエが海で最期を遂げた地でもある。

時にはひとりでいくらか強行な建築の旅をしてきた。

英語やフランス語もまったくできない中年おやじが、バッグに入れた地図と時刻表を頼りに、涙をこらえ歯を食いしばり、必死に出向いた。この時の無恥からくる旅の自信が、後の海外旅行に実に役に立った。

パリ郊外へＲＥＲ（高速鉄道）に乗り三十分ほどでポワシー駅に着

き、そこから坂道を二十分ほど歩くとサヴォワ邸に到着する。

サヴォワ邸には、ル・コルビュジエへの思いもあり三回も行ってしまった。この建物はル・コルビュジエが一九二〇〜三〇年代に提唱した、近代建築の五原則を具現化したことで有名である。

基本的にそれまでのフランスの重厚な石積みの建物と違って、ガラス面を増やし明るく「自由な平面」「自由な立面」とあくまで「自由」を全面的に打ち出した建築である。他に「ピロティ（地上に柱を設けて作られた空間）」「独立骨組みによる水平連続窓」「屋上庭園」で五原則となる。したがって初期の代表作、サヴォワ邸はいつ訪れても建築ファンが群がっている。

冷気を感じる晩秋の午後に、いつものようにたいした考えもなく、サヴォワ邸に行った。その日は平日のためか珍しく人影がなく、ひっそりと静まり返っていた。売店で友人のお土産にと絵ハガキや建築ガイドブックを買い、ル・コルビュジエの主張した屋上庭園に上がっていき、周りの林の景色を眺めていた。

パリの秋空は日本の空とは違い、青色というより群青色に近い。

するとと日本語を話しながらスロープを上ってくる、おしゃれな服装のグループがいた。その中の髪の長い女性は、全身黒ずくめの服装でモデルのような歩き方をしていた。おそらく建築ツアーの連中なのだろう。こちらが手を上げて会釈をすると、妙なことにあえて無視するかのように、ひとりはわざとらしく屋上庭園の手摺りの壁の高さを巻尺で測りだした。

「図面ではこの素晴らしさは味わえないな」と、やはり全身が黒ずくめの年配の男は、同行した女性を中心にビデオを回しはじめた。こちらが映像に映ると邪魔になると思い、スロープをゆっくり下りていくと、「驚いたな。こんなところにも年寄りの日本人がいるなんて」そう言って笑い声をあげた。

サヴォワ邸でたくさんのお土産袋を手に帰り道の坂を下っていくと、一台の青い車がスーッと止まり、「ポワシーの駅まで送っていくよ」とフランス語で運転手が声をかけてきた。思わず「ノン・メルシー」と手を振って断った。というのは、道の周りに見える住宅の庭と建物のバランスの良さに、来るたび感心して眺めながら歩くのが好きなためであ

る。

日本の高級住宅地というと田園調布が理想と言われてきたが、垣根を張り巡らせ、樹木がうっそうと茂った住宅は暗く映る。ポワシーの明るく外に広がった建物と見比べると、日本の住宅への考え方と大いなる隔たりがあると強く感じるのであった。

そういえば前にはポワシー駅からバスで来たのだが、バス停のマーク、ベンチ、さらにゴミ箱、街灯と濃い緑色で統一感があり、周りの街や林に溶け込んでいることに気づいた。

駅の近くにはシシケバブの店があり、あたりに強い香辛料の匂いを漂わせている。以前も誘惑に勝てず、ふらつくように思わず入っていってしまったが、その時も「早めの腹ごしらえで夕食にしよう」と、自分への言い訳をしてまずはビールを注文した。

店のヒゲだらけの主人は「サヴォワ邸に行ったのか」と透明なビニールケースに印刷されたル・コルビュジエの顔を指さして、何が嬉しいのか両手を握りはしゃいでいた。

金串に刺した羊肉や野菜を口にしながら、小さな窓から見える濃い空

を見つめていた。

ル・コルビュジエは屋上庭園を強く主張していたが、平らな屋根は処理を怠ると典型的な雨漏りの原因になる。現実に施主は別荘として依頼し、一九三一年に竣工したが、しばらくして屋根上から流れる雨水のため住むことを放棄したという。

サヴォワ邸は住宅の最高傑作と呼ばれていたが、時を置かず施主に愛想を尽かされ、やがてなんと家畜飼料小屋となり、大戦中にはナチスの宿泊施設として使われ、一九五〇年代には廃墟化していた。

その後、住むための家としてではなく「偉大なる建築家の作品」として蘇り、一九九二年に現在のサヴォワ邸となった。

それにしてもル・コルビュジエの優れたところは、ただ見栄えのいい、外見が美しいだけの建物は決して造らず、新しい社会への提案や批評精神を盛り込んだ建物を実際に呈示してきたという点だ。

そんなことを入口に近いカウンターの席でぼんやり考えていると、先ほどの建築おたくグループが、まだ興奮冷めやらぬのか、やはりビデオを片手に真っ黒な服装の女性を挟むようにして、声をあげながら駅に向かっていた。

駅の改札口やホームで彼らに会ったら「また冴えないおじさんと会ったよ」ということになりそうなので、時間を潰すために二杯目のビールを追加して、尖った目をしながら、またも長い間窓の外を見つめていた。

パリの滞在は四区のシタデンヌというキッチン付きのホテルが定宿だった。セーヌ川に接する道路の並びにあるそのホテルはポン・ヌフ橋の近くで、地下鉄駅にも便利で長期割引もあり、ホテルとしての活用価値は高く快適そのものであった。入口にボーイが立っており、深夜でも出入りが自由なことも良かった。

時々は夜のしじまの中で眠りについていると、石畳やビルの壁に反響するように酔っ払いの奇声が聞こえる時があった。

そんな時は腹が立ち、窓を開けて「パリのバカヤロウ」と叫び再びベッドに入るが、外の冷気に触れ目が覚めて、武田泰淳の文庫本『森と湖のまつり』をめくる。

まだ暗い早朝から必死になって原稿や挿絵の仕事をして、午後は日本の書籍が並んでいるジュンク堂書店の近くの国際宅急便の営業所から、

毎日のように日本へ原稿を発送していた。

このオペラ・ガルニエ界隈には日本料理屋が多く、寿司屋やラーメン屋、和食弁当店と食に関して不便なことは何もなかった。パリ在住日本人のおふくろ的存在の食材店「京子食品」では、日本酒や焼酎が容易に入手でき、なによりも短期滞在者用の調味料セットがあり助かる。豆腐、油揚げ、カマボコ、松前漬けの瓶とつまみ類まで充実しており、ありがたかった。

パリにはおいしいレストランがたくさんあるが、ひとりでは入りづらく、昼はサンドイッチを食べたり、ホテルのキッチンで簡単なスープを作ったりし、あるいは隣の安いビストロでひたすら飲んだくれていた。

夕暮れになるとジュンク堂で購入した坂口安吾、太宰治や芥川龍之介の文庫本を読みながら、じくじくとあれこれ悩みウイスキーのハイボールを飲んで部屋でひとり酔っぱらっていた。

パリで歩き疲れるとカフェに入り、毎日のようにエスプレッソを飲んだ。どこの店も納得できるほどおいしく感心した。豆と機械がいいのかも知れない。フランスはイタリアと比べてエスプレッソは不味いと言われるが、日本よりははるかに味が深く、とにかく満足していた。

さて夕暮れのセーヌ川沿いには、パリの旅情が絵ハガキのごとくこれでもかと凝縮されている。ブキニスト（古本屋）がずらりと並び、手頃な値段の画集や絵本、写真集と散歩のついでに手を伸ばしていた。

シテ島を歩き、パリ市庁舎の脇を通り、ポン・ルイ＝フィリップ通りをマレ地区の方に上がっていくと、落ち着いた緑色の外観に大きなガラスの店があった。覗いてみると、気になるマーブル柄のノートや文房具が並んでいる。

店の看板を見上げると「パピエ・プリュス」とあった。パピエとはフランス語で紙を指す。ここは紙の専門店である。

うっかり入るとこういう高級店は「うちはパリ上流社会専門御用達の店」といった雰囲気を匂わせ、甚だ不愉快な思いをさせられることがある。パリにはたしかに傲慢な文房具店があり、「一見さんはお断り」の店が存在している。それでも扉を開いた。

入ってみて驚いたのは、紙を天秤というのか、分銅を使って、量り売りをしているのだ。青いパステル調のセーターを着た若い店の主人は、真剣な目をして上品な婦人の紙の注文を見つめていた。

それにしても初めて入る店は、何かやけに緊張させられる。見回すと色とりどりの封筒や便箋が棚に並んでいる。そして鉛筆、色鉛筆の種類も半端ではない。

握りの太い、リラの十色色鉛筆が展示されているのが目にとまった。リラの入った厚紙のケースは新書判の大きさで、そのケースが渋く赤で、しかもおそらく手作りの特注でできているのだ。これには気持ちがぐいぐい吸い込まれていった。

うっかり触ると怒られそうな気がしたのでしばらく眺めていると、淡い水色のセーターに香水の匂いをさせた主人は上蓋を開けて、箱から色鉛筆をダーッと流し出した。そしてもう一度箱にピタリと収めた。

主人は「ジャポネ」と言って片目をつぶり、ニコッと笑った。ケース裏の定価を見ると、予想以上に高価であった。だがその紙のケースが愛おしくて戻すことができず、続いて横にあったステッドラーの六色入り三角太軸色鉛筆も追加して精算してもらった。こちらはごく普通のプラスチックケースだが、日本では見たことのない色調が並んでいた。

「この店はいつできたのですか」とたどたどしく、しかも英語で言う

と、軽やかなフランス語で返事をしてくれた。聞き取れないので首をかしげていると、店の名刺の裏に「１９７６」と書いてくれた。その軽やかに踊るような数字の書体にパリを感じた。しかも手にした筆記具がモンブランの握りの太いスケッチペンときていた。「レオナルド」と言われる、希少価値の高いものだ。

店も主人もペンもなんだかインテリジェンスのかたまりの店であった。心配していた威圧感は消え、覗いてドアを開け得をした気分になってきた。平台に並べられた手帳類も特注なのか、どれもこれも欲しくなるものばかりである。

そして奥に高価そうなスケッチブックがあった。大型の横長のサイズであった。表紙が薄い布張りで、紙は薄口のアルシュ紙と似ていた。用紙は水彩にぴったりな気がしてくる。紙の耳を残してあり、すっぱりと断裁していないところに、ひと昔前のフランス装の匂いがする。だが値段は八千円近くもした。決断して記念に一冊買うと、鮮やかな包み紙でくるんでくれた。

「オルヴォワール（さようなら）」とスケッチ帳の袋を揺らすと、「ボンヌソワレ（よい夕べを）」と、こちらの肩に手を置き、店の外まで見送

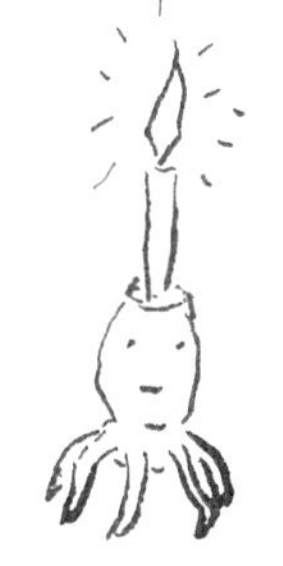

ってくれた。

足取りも軽くホテルに戻り、さっそく二日前にシテ島の花屋で買った桔梗（ききょう）の絵を水彩で描いてみた。室内に常備されていた白い花瓶と青紫色の釣鐘形の花を、じっくり見ながら描いた。

いくらか吸い込みの強い手漉きの用紙で、淡い水彩画との相性がぴったりである。こうした高級なスケッチ帳には、いたずら描きのような絵はご法度である。

パリの風景をこのスケッチ帳に描き、作品として定着させるのだと、その日から筆を手にするたびに気合が入っていった。

帰国する前の日に、あと二冊は記念にと欲張って追加し、その後も何度か絵本の出版のこともありパリに行くたびに、パピエ・プリュスに寄ってはスケッチ帳を増やしていった。あらためてその周辺を見回すと、粋な文具の店が何軒もあった。

スケッチ帳は本体の紙質は変わらないが、年を追って表紙はいくらか変化していた。最初に手にした時の素朴な感じは次第になくなり、いく

ぶんデザイン性が強くなりはじめていた。それでも合計十冊ほどはこれまで購入してきた。

あれほどパリに通っていたのに、ある時を過ぎるとなんのわだかまりもないのに、まるで憑き物が落ちたかのように遠く離れ、足が向かわなかった。それでもスケッチ帳はいつも気になっていた。

娘のパリの友人に子どもが生まれたので、娘は二〇二三年の早春にパリへ出発した。こちらは二十数年もパリとはごぶさたになっていたが、娘にスケッチ帳の店の住所と電話番号を書き、「まだ店があったらスケッチ帳を買ってきて」と餞別を手渡した。

そして一週間して娘が帰国し、宅急便でスケッチ帳を二冊送ってきた。しかし前のような体裁とは異なり紙質もすっかり厚口で、水彩での使い心地は芳しくなかった。

娘にお礼の電話を入れると、「前と同じものはもう造っていないらしい。どうも工賃が上がったようだ」と言った。

「そういえばあの主人、おしゃれだよね」と話すと、「たしかに、とてもいい香りだった」と娘は言い、「お父さんももう一度パリに来てくだ

さい、と言っていたよ」と電話は切れた。
娘は英語が堪能なので、少し長い話をしたのだろう。

それにしても一九七六年開店ということは、紙一筋ですでに半世紀になろうとしている。厳選した業務内容で営業も苦しいはずだ。だが、妥協することなく店を続けているとは、さすがパリの文化・歴史の底力を見せつけられる思いがした。
パリはセーヌ川を渡り、建物に、カフェに、文房具に今も恋をする街だ。それらは心に彩りを描く。ふと他の街に足が向いても、この恋からは決して醒めることがない。大袈裟だが、パリは世界の中心地である。

百文字コラム

ファイルは人を表す

入れただけで安心せず、たゆまぬ管理を行うのがファイルであり、使う者の真価が問われる。

ファイリングの目的について考える

ポケット型のCLEARBOOK・A4サイズ20と40が本棚にずらりと並んでいる。新聞の切り抜き、パソコンからの印刷物と中身は際限なく増える。そのくせ連載したページの保管はおろそかで、探すことに半日を費やす。

忘却の資料やファイルは「情報過多」のサイン

いつか役に立つとファイルに入れるが、一年も経つと「何のためにこのコピーがあるのだろう」と記憶をたどり首を振る。ファイルの背に年号を書いた紙を挿し「これは大事」と印を付けるが、これも増えるとわからなくなる。

自分の頭で扱える情報量に従おう

アコーディオン式でたくさん分類ができるドキュメントファイルも一時凝ったことがあるが、詰め込みすぎて破裂させた。頭の中が整理できない人間は、ファイルも乱れた状態になる。情報に欲張らない生き方も必要である。

夢見る手帳

この三十年間はほぼ同じマンスリータイプの手帳を愛用している。B6判で、見開きに一ヶ月分の日付があり、それだけで事足りてきた。そんな高橋書店の「クレールインデックス」が定番になっている。

一日一ページのタイプやウイークリータイプは、煩雑すぎてこれまで使用したことがない。

会社勤めの頃は表紙が黒が基本であったが、フリーの物書きになってからは、赤や黄色、ピンク、青と蛍光色の派手な目立つ手帳を好むようになってきた。

私が手帳を選ぶ時にどうしても外せないのが、手帳を包むビニールカバーの厚さである。野外でふらつくことが多いので、手帳本体が雨に濡れることを避けたいのだ。

手帳の両サイドに名刺や領収書を挟めるポケットが欲しい。そしてシャープペンシルやボールペンを挿せるポケットが付いていることも必須となる。

このところ手帳に挿すペンは、ファーバーカステルのシャープペンシルで芯径は0・7ミリ、硬度は2Bである。それにアメリカ製の細いボールペンがいつもしがみついて離れない。

旅行に出る時には、山本紙業の「RO-BIKI NOTE」を加える。A5判の横の幅を6割くらいに狭くした縦長サイズで、表紙には蠟引き紙が使われており、これを手帳の間に挟み込んでいる。何かと絵を描く時に使うことが多いので、用紙は必ず無地にしている。インクや色鉛筆の発色が良くて、何冊も買い足している。


コロナ禍以前までは中国各地を旅していたので、手帳にはその地の地下鉄路線図、中国語の挨拶一覧や旅行先のホテルのシール、美術館の入場券などを貼り付け、賑やかにデコっていた。

手帳になんでも挟み込み、無地の紙へ有象無象に雑多に書き込んだものを、マンスリーページの後ろに追加して収めていた。それも習いたての中国語で日記のごとく書いていた。当時は日記を書かないと罪悪感が増すようで、何かに追いたてられるがごとく記載していた。付箋も多数貼り、紙面は運動会のように賑やかであった。手帳を分厚くすることに

生き甲斐と喜びを感じていた。

日記も手帳も使う者の人となりがそのまま反映されている。仕事熱心な人は、打ち合わせのスケジュールでびっしり埋め尽くす。山登りが生き甲斐の人は、次の登山のコースを書いたり、地図のコピーを貼ったりしている。

恋に溺れている者は、他人にはわからないように、金曜日の夜なんぞに「青山7時会議」とあえて素っ気ない書き方をしたりもする。

スマホと同様に手帳も他人に見られると窮地におちいることが多い。


中国詩に「灯紅酒緑（ドンホンジウリユウ）」という言葉がある。

赤い灯と緑の酒、比喩は都市や歓楽街が賑やかなこと。奢侈（しゃし）で度を過ぎて贅沢なこと、享楽的な生活を意味し、私はこの四文字がことのほか好きで、北京で中国人の作家に会うとすぐにこの言葉を口にする。相手も酒飲みなので、ニッと笑う。

北京の中心地に灯市口（トンシーコウ）という地下鉄の駅があり、よく北京の作家と飲食することが多い。その昔には、このあたり一帯は提灯がぶら下がった歓楽街で、その名残が「灯」の文字に残っている。

私がフリーになった三十代終わりから六十代半ばまで、本当に毎晩のごとく酒を飲んでいた。物書き、編集者、出版人、広告代理店、登山仲間と、その業界の人に会うと、まずはお近づきの印に「とりあえず一杯」であった。

二次会へと場所を変えると、長っ尻(ちり)になり、気が付けば終電に乗り遅れ、タクシーということになる。よく体を壊さなかったなと思うが、脳はだいぶやられたことは確かである。

ある晩、いつものごとく夜遅くまで飲んだくれて帰ってくると、珍しく台所で妻が洗い物をしていた。

「このところ毎日遅いのね」

その低い声が怖く、心臓に悪い。

「このところ打ち合わせが多くてね。ハッハハ」と答えると、「手帳を見せなさい」「今すぐにここで」と、いきなり怒った声をあげた。

いつものB6判の手帳は、ショルダーバッグに入っていた。

「まあ疲れているので明日にでも」と上衣を脱ぐと、「逃げないで今すぐにここで広げなさい」ときっぱり言う。

「逃げるなんて」と薄ら笑いをしていると、妻は腰に両手を置き、「毎

夜外で何をしているの」と問い詰めた。

「だからこのところ編集の人と打ち合わせが多くて」

「いいからとにかく早く見せなさい」

近くにゾーリンゲンのよく切れる包丁が二本あるのをふと思い出し、しぶしぶ手帳を渡すと、妻はパラパラとめくり、さらに住所録と行ったり来たりさせていた。

「このフラワー花子って誰」

と、日付のところを指さした。

「ああ、その人。イタリア帰りの作家で、花のイラストを自分の本に描いてくれと言われて」

「ふーん写真じゃダメなの」

「あっそれは編集者の希望なので」

「その割にこのところずいぶん会っているようね」

「ハッハハ、細かい打ち合わせが多くてね」

「そう。その人の本はいつ頃出るの」

「えー冬には、いや来年の春には」

「どこの出版社」

「フラワーシャワー出版社から」

「ふーん聞いたことのない会社ね」

妻はまだいろいろと聞きたそうにしつつも、その夜はそこで釈放してくれたが、「その花の人に、迷惑をかけてはいけませんよ」と子どもに諭すように言われ、こちらも神妙にただうなずくばかりであった。


現在手帳に見られる日付や曜日を付けたのは、イギリスの手帳メーカー「レッツ」の創業者、ジョン・レッツだという。それにしても彼は罪なことを思いついたものだ。しかし日付が印刷されていなければ、ただの白いノートと変わらない。

あらかじめ日付を印刷したものを一八一二年に商品化して発売したのがレッツ、すでに二百年も前のことである。その日から男性たちは手帳をついつい隠すようになった。

月曜日から土曜日までの労働日と、祝祭日が印刷された単純なものだが、人々に受け入れられ大好評を得た。これが、ダイアリーのスタートである。

一八三〇年までには、政治、法律、商業、天文学と目的に応じた二十

八種類のものが作られ、英国王室を始めとして愛用者を増やしていった。こういった興味ある手帳についての話は『文房具の歴史』（野沢松男著・文研社）によって教えられた。

一九八四年、日本に初めてシステム手帳と呼ばれるバイブルサイズの「ファイロファックス」が上陸した。その当時はバブル景気で浮かれた業界人は「これからは情報化社会」とベルトが付いた高級な革の手帳を振りかざし、真夜中まで六本木や青山界隈を駆けずり回っていた。

私はこのバインダー式の手帳を理由もなくことのほか憎んでいた。若い広告会社の者にうやうやしく、ぶ厚い手帳をテーブルの上にドンと置かれると、それだけで理由もなくむくれていた。

人は時間管理、データ整理、能率から離れたがっているのに「やたらに分類したよ」と細々したページを作り、逆に複雑化させている。手帳を埋めることに喜びを感じ、時間を自分が操っている気になっているだけだ。

その革のファイロファックスを常に持ち歩いている知人がいた。留学したイギリスから帰国して大手広告代理店に入社し、いつもズボン吊り

サスペンダーと細い葉巻のキザな人だった。

悔しいことに手帳に書くのはすべて英文で、飯倉片町のバーで会うと決まってぶ厚い手帳を広げ、ベタベタ貼った付箋を抜いて丸め、テーブルの下に乱暴に捨ててドライマティーニを手にしていた。

美人で香水の強い女性にしか興味がなく、何回も離婚をして、最後にはロンドンで捨てられ亡くなった。

ハンサムで頭脳も才能もあり、あれだけ手帳に情報を書き込み、分類していたのに、自分の人生は整理ができないような人だった。他人のことはとやかく言えないが、とても惜しい人である。

だが長生きすると、後悔のない人生なんてないのかも知れないと思う。

私も六十代の頃までは「灯紅酒緑」の日々であったが、七十代に入ると手帳の書き込みも寂しいものだ。

「病院の予約日」「定期検査日」「心電図診断日」「両親の墓参り」「友人の納骨式」「親戚の三回忌」と、まるで夢がなく、暗く寂しい。

そんな手帳を夏の夕暮れの中で開いていると、ラジオから沖縄民謡「十九の春」が三線（さんしん）と一緒に流れてきた。

スマホがさらに発達しても、手帳はなくならない。

それは書くことで人は安心するからだ。

百文字コラム

いつも付箋

目印となり忘れないのが付箋の機能のひとつ。貼っておくと頭がすっきり整う気持ちになる。

付箋を貼って幸せになる

一九八〇年にスリーエムから発売されたポスト・イットにはじまり、まるで人間の体に貼る湿布のごとく、本、ノート、手帳にパソコンとペタペタ吸い付いてきた。時々貼りすぎて、祭りの飾りや樹木のようになったりもする。

自分の決意を書くのにも向く

付箋は本などの目印にする栞タイプと、一言書いて貼るメモタイプが主流だ。私はタバコ箱ほどの大きさの強粘着が好みである。机の前の壁には「努力」「無駄遣いを恐れるな」「断酒」と、明日からの決意表明をメモして貼る。

目にとまる場所にちりばめて大吉

つい最近も、運転免許更新のため、認知機能検査の問題を大きな付箋に書き、各部屋、トイレ、洗面所と貼りめぐらせて無事に合格した。ギターの脇腹にコードを書いて貼る時もある。老人にはなくてはならない生活の必携。

枯れないジジイの愛

昭和の時代まで、日本には駅前文化があった。

小さな私鉄の駅でも、改札口を出ると食堂、居酒屋、薬屋、床屋、よろず金物屋兼雑貨店、タバコ屋兼花屋、そして本屋、文房具屋と庶民の暮らしを支えてきた。

決まって駅から少し離れたところに老舗のバーがあり、そこは地域の文化人の溜まり場であった。夕暮れになると暇人が集まり、埒(らち)もない話を毎度繰り返していた。

文芸の同人誌、写真展、個展と酒が入ると男たちの話題は尽きない。

「遅くなってごめんなさい」

ベレー帽を被った背の高い美女が現れ、店の真ん中のテーブルの上に「ハイお土産」と、珍しいオランダ製のジンの瓶を置き、微笑む。マスターの以前の恋人との噂が絶えないが、否定もせずに「ご想像にお任せします」と両手をひらひらさせ、赤いマフラーを取る。

若い頃に画家を目指したマスターは、パリに何年か知らないけれど滞

在していた。マスターがパリでの芸術の話をすると、店の中には静寂が訪れる。

「この町に画廊がないのが残念でたまりません。パリでは、日本のいわゆる貸画廊とは違って、ほとんどが店のオーナーが選別した企画画廊です。オーナーの見識によって画廊は成り立っているのです」

コーンパイプを手にした中年おやじが応える。

「確かにマスターの謂うところの本物の画廊が日本には皆無だ。この町にも画廊があれば、芸術が育つ」

すでにだいぶ酒が入っているので、みんなの息も荒くなってくる。

マスターは自信を持って口にする。「さらに小さな美術館があれば、絵画、写真、彫刻と盛り上がり、町の活性化にもつながる。美の本質がわからない人は、美術館の館長は無理です。なれません」。つまり、マスター本人が施設の長に適すると告白しているようなものだ。

マスターの店は「モンマルトル」と、そのものズバリの名前である。画家たちが自由な日々を送ったパリ北端にある丘が、モンマルトルだ。

この店は、おそらくシャンソンのレコードがかかっている店と思いきや、ドアを開けると、戦後に流行した異国情緒の曲を流している。この

あたりにマスターの屈折し、歪んだ性格が見られる。「憧れのハワイ航路」「上海帰りのリル」といった曲が、古いオーディオから小さく年中流れていた。

線路の高架下に沿って、バラックの粗末な飲み屋が何軒かあった。さらに暗くなると屋台もしずしずと集まってくる。焼鳥、もつ鍋。電気が通っていないのか炭や練炭で火をおこしていた。提灯の下でタオルを首に巻いた屈強な男たちが、立って焼酎を手にオダをあげ、たむろしていた。

戦後、ここは非合法の闇市と呼ばれていた地域で、高度経済成長期に入ると、やがて電気が灯り、トタン屋根は薄い瓦に変わり、ラジオからは「黒い花びら」や「アカシアの雨がやむとき」が聞こえていた。しだいに学生運動家の髪の長い仲間や、ギターを背にした男女など、他の地域から人が訪れるようになり、いつの間にか「レール通り」と呼ばれるようになってきた。

バーに出入りした芸術家は、レール通りを軽蔑していた。トイレもな

い不衛生な場所なので、治安も悪くなり、屋台の撤去活動を市に請願に行きたいと奮起していた。

　ある夜、店の常連だったカメラマンをレール通りの屋台で見かけたことで盛り上がっていた。

「あいつもついに身を持ち崩したね」

「水は低きに流れるからな」

「レール街には公安が張り付いている」

「安物買いの銭失い」

　人の陰口は酒が進む。

「マスター、ハイボール強めで」

「ストレートのジン」

　タバコの煙で朦朧とかすむ店内に「テネシーワルツ」の曲が寂しそうなリズムを刻んでいる。

　あの妖麗な美女も歳を食うと、口だけが達者になってくる。

「私の友人が、レール通りに小さな花屋を開店させて、結構商売になっているのよ」

「花屋」

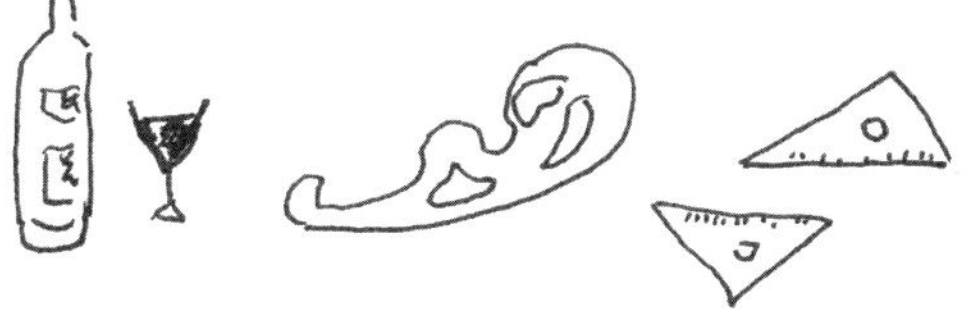

「冗談じゃない。花屋より警官の詰所でも作ってほしい」

　と、隣の男が言った。


　次第にレール通りが賑やかになってくるのが、モンマルトルの客にとっては目障りで、おもしろくなかった。

　カメラマンがまとめた『東京の新しい地図』という写真と地図が入った本が出たが、若者たちのバイブル的な人気になり、重版を繰り返していた。

　新宿、池袋、赤羽、上野といった路地裏を切り取った写真が、あえて質の落ちるザラ紙に印刷されていた。立ち飲み屋台、居酒屋、店外にイスを並べるチキンの店、エスニックなタイ料理、どれも貧弱なカウンターの店ばかりだが、意外にも若者たちで満席であった。


　赤いレンガに小さなフランス国旗を垂らした出窓のモンマルトルは、客が次第に潮が引くように去り、やがて衰退していった。

　何が原因なのか、マスターも客もわからなかった。

　カウンターに『東京の新しい地図』がポツンとあった。ある客はマス

ターに向かって媚びるような声で、「こういう本を出してはいけませんね」と言うが、マスターは沈黙して氷をアイスピックで砕いていた。

マスターは、町の活気がゆっくりと音を立てることもなく移動していったことにうすうす気づいていたが、知らん顔をしていた。

線路伝いに、焼肉、中華、スペインバル、カラオケスナックと、さらに狭い路地にも若者たちが競って飲食店や食器のセレクトショップを出しはじめた。

妖麗な美女も身を固めるかのごとく、なんとレール通りに文房具店を出したのには、マスターも客も心底驚いた。文具と言わず、「ステーショナリー・カヲリ」と気取った店の名であった。

狭い店だが、通りに面して素通しのガラスが入り、明るく開いており、イギリス、フランス、イタリアに特化した文房具を輸入し、さらに木の匂いがする香水も並べていた。

マスターは「新しい男ができたな」と睨んでいたが、彼女の話を聞いてみると、これまでコツコツと貯金したお金と銀行からの融資で、開店までこぎつけたとのことだった。

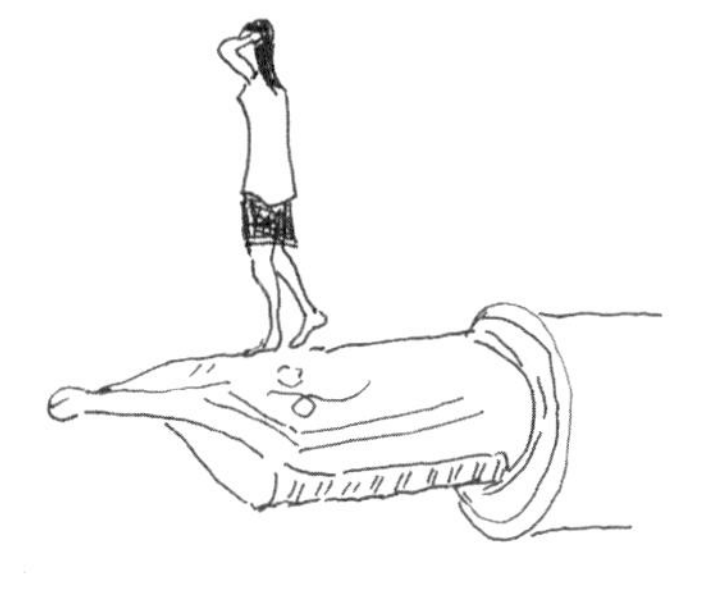

数年後にレール通り一帯は、大規模な再開発の対象となった。バスターミナル、タワー型の駐車場、デパート、高層マンション、さらに美術館と大手の不動産開発業者が取り仕切った。

もともとは不法に土地を押さえ、テキ屋がその周辺を仕切っていたのが幸いしてか、立ち退きにはわずかな金しかかからず、たいしたトラブルもなかった。

前に営業していた店には、余裕の金額が呈示され、なおかつ新しいデパートに優先的に入居できるようになっていた。

元あった駅には、屋上に観覧車を設置したデパートの駅ビルができるなど、あたりは一気に変貌していった。

世界的に有名なフランスの建築家が設計した美術館は、ガラスとパイプでまとめられ、連日賑わっていた。版画とポスターを中心にした美術館で、若者雑誌の有名スポットになった。

そのミュージアムショップの入口に、なんとステーショナリー・カヲリがちんまりと収まっていた。

廉価版のアメリカン・ポップアートのポスターが売れに売れ、さらに布製の肩から提げるバッグなどグッズ類も、いくら積み上げられても在

庫は三日と持たなかった。妖麗なカヲリさんもテレビや雑誌にひっぱりだこで、「私の信条は、限りない愛です」と大きな黒目で相手を見つめるのであった。シングルマザーだったが、軽井沢の別荘まで披露して、ついでにイギリスに留学した中学生の息子まで紹介した。ステーショナリーの方も、四角いイギリスのノートブックを独占販売して、大成功をおさめていた。

名刺ほどの大きさの四角い付箋と、正方形のとにかく四角い紙類にこだわり、四角いコーヒーカップや四角い香水の瓶と販売していた。美術館に入る前にショップがあり、美術館の入場券を買う必要がないため、女子高生に圧倒的な人気を誇っていた。

一方バー・モンマルトルは、昼間から営業するサンドイッチとコーヒーの店に変化していった。多くの店が禁煙とするなかにあって、マスターの店は唯一タバコが自由に吸える。

「ここはゆったりできるよ」と昼間からビールとタバコで寛ぐ年配の溜まり場になって、前より予想に反して繁盛し出した。

「マスター、カヲリとかいう古狸、まだ色気をまき散らして、二軒目の

紙専門の文房具店を開くそうですよ」

昔から通い続けている客とはいえ、わずかな間だが恋心を抱いた女性のことを古狸と連呼する客に相槌はうてなかった。

その夜、店を閉めたあとに、ひとりカウンターに座り、珍しくシングルモルトをショットで口にした。

「恋もパリも歳を取ると遠くなる」

本当に久しぶりに自分自身と向き合うようだ。シャンソン「パリの空の下」のレコードに針を落とし、放心したように耳を傾けていた。

しんみりしていると、かすかにドアをノックする音がした。

「明かりがついていたので」と、何年ぶりかにカヲリが顔を出した。

「すっかり有名になって」

「本当は借金ばかりでね、別荘も手放すことにしたわ」

カヲリは心なしか、やつれた表情をしていた。

「美術館の文房具屋も成功したね」

「ステーショナリー・カヲリね。あれも負担が大きくて。それに店を任せていた経理の女が、悪い男に引っ掛かり、ごっそり銀行からお金を引

き出し、どこかに消えてしまった」

「……」

「なんだか、くたびれてしまったの」

「……」

「五十を過ぎると、がんばりも利かなくなるし」

「オレはもう六十五だよ」

「まだ若いわ。男の人はこれからよ」

カヲリは息子をロンドンに預けておくのも心配の種であった。いろいろと学校ではいじめにあっているようだ。店は姉の子どもが大学を卒業したので、少しは力になり切り盛りしてくれる。

「秋にロンドンに行くけど、できたら一緒に行きませんか」

「そういえば若い頃に一緒にパリに行ったことがあるね」

「何も彼(か)もが遠く、懐かしくなっていくのね……マスター、パリを経由してロンドンに行きませんか」

マスターは、前々から一週間ほど店を閉めパリに行くことをもやもやと考えていた。そして過去はいろいろあったが、今は独身で気ままな

暗いですね

日々だ。

「カヲリさん、旅に本当にご一緒してもいいですか」

「嬉しいわ。旅費ぐらい私に持たしてください」

百文字コラム

ジジイのiPad Pro 12.9インチ

「アナログか、デジタルか」という議論は終焉を迎えた。役立つものは全部「文房具」でいい。

タブレットという文房具

アップルのｉＰａｄを見て「何か好ましい」と親しみを感じた。文房具に抱く親愛に近い。そこで金キャップのモンブランを選ぶような心境で、ｉＰａｄのＰｒｏの方にした。初期設定や操作に詳しい知人の存在はありがたい。

違いがそれぞれを高め合う

絵を描くためにＡｐｐｌｅ Ｐｅｎｃｉｌも用意し、ディスプレイにはケント紙の質感を得られるフィルムも貼った。さっそく絵も描いているが、手描きの絵とは違うものを感じる。人工的な仕上がりで、抒情は出にくくなる。

人生を楽しくするものはどんどん使おう

キー入力で書く文章は、心の中を覗くというよりも「外向き」な内容になりがちで、つい長文になる傾向がある。「よくわからん」と思いながらいじくりつつも、これから先にある人生に大きな影響を与えることは確かである。

小さな文具店を見つけよう

結婚した時に、中央線の国立に住んでいた。その記念に大学通りにある金文堂でセーラー万年筆の14金のペン先を買った。軟らかく滑らかな書き味、そしてインクの吸入方式に満足していた。

なぜ新居を国立にしたかというと、妻の実家が旭通り、たまらん坂の近くにあったからだ。

実家のほんの隣近所に、新築のアパートができ、妻と義母がこちらへの相談もなく決めてしまった。建物の周りには、初夏に紅紫色の花を咲かせるサツキが植えられ、アパートのその名もサツキ荘であった。

反論も抗議もすることなく、ことを荒立てず国立に住むことになった。妻の両親は厳格な教育者であり、義父は義務教育の教師を指導する立場の職に就いていた。不埒で何を考えているのかわからない夫を警戒して、見張る必要もあった。

妻とは大学時代からの同級生であった。手紙のやりとりは何百通と積み重なり、七年間の交際中に国立の町をよく歩いた。結婚式は神楽坂の

小さな会館で、両親・親戚と数人の友人を招き、質素な式であった。妻の友達がその頃によく耳にした「瀬戸の花嫁」を歌ってくれ、彼女はそっと涙をぬぐっていた。

国立は大正時代の末期に、学園都市の構想を実現する街を目指して開発が始まった。国立音楽大学が創立され、昭和に入り一橋大学が移転し、戦後に東京都と建設省から文教地区の指定を受けることになる。教育上好ましくないとされる店は禁止され、周りに巨大な工場が設置されることもなかった。南口から真っ直ぐに延びた大学通りは桜の名所でもあり、春になるとお弁当を持参した人々で賑わい和んでいた。

大学通り沿いに金文堂、その裏のロージナ茶房、増田書店、洋書の銀杏書房、旭通りの古書の谷川書店、ユマニテ書店、エソラ画廊と、振り返ると懐かしく、胸が詰まる店ばかりが頭をよぎる。

ロージナ茶房の裏に、ブランコ通りという小さな路地がある。ブランコとは公園にある遊具ではなく、スペイン語で「白い」という意味で、白いアーチ、白い時計台、白い街灯、さらに国立文化人を相手にござっ

ぱりとした店舗が軒を連ねるが、どこも長くは続かず、入れ替わりが激しい。金文堂の支店として、万年筆専門店も最近店を開いた。入口の中華料理店と一九五〇年代からの老舗の「レッドトップ」という正統店のバーが国立の歴史を見つめている。

国立に住みよく散歩したのは、甲州街道を越えた谷保(やほ)天満宮から、昔ながらの田園地帯の「ハケ」や「ママ」と呼ばれる崖地である。豊かに溢れる湧き水を見ていると、大岡昇平の『武蔵野夫人』を彷彿(ほうふつ)させる風景があたりには残っていた。

やっと国立の空気になじんできたのに、町田市に引っ越しをした。都営住宅の抽選に当たり、二人は飛び上がるほど喜んだ。なにしろ家賃がそれまでのアパートの十分の一になったのだ。

戦後建てられた風が抜ける木造の古い建物であったが、南側に庭があり、休日になると、生まれたばかりの子どもの服や布団、玩具となんでも垣根で陽に当てて干していた。

国立の両親は孫の顔を見たくて、休日になると催促の電話が入った。自動車免許を取り立ての妻は、休みの日には車に二人の子どもを乗せ喜

びいさんで出かけて行った。

義父は孫たちに金文堂でノート類、増田書店で絵本、隣の喫茶・白十字でクリームパフェとサービスしていた。定年後もモンブラン万年筆を手に、執筆に忙しくしていた。孫が来ることがなによりもの喜びで、子どもが小学生になり、算数のわからないところは義母が昔、小学校の教員をしていたので、丁寧に教えていた。

さらに学術、文芸、芸術と文化人の多い国立には、文士崩れ、画家崩れ、バンドマン崩れ、編集者崩れ、カメラマン崩れ、大学教師崩れと、夕暮れになると総崩れの連中が居酒屋やバーにいそいそと集まり、糊口を凌ぐことも忘れ、ひたひたと酒を飲んでいる。そして、彼らの憧れは道理を外れた不倫であった。

やがて隣の客が「万年筆は幻想でなければいけない」と、バッグの中からおもむろにモンブラン146を取り出す。すると、「では私もペリカン・スーベレーンM800を」と出して、「この縦縞のグリーンの色を見てください」と、万年筆自慢談義が熱を帯びてくる。

遠くにいる客は「その万年筆で何をどう書くのかが問題ですね」と厭

味な横槍を入れて、せっかくの楽しい万年筆談義に水を差す。

その厭味たらしい人物こそが、大手の家電メーカーを退職して国立を毎夜地回りのごとくさまよい歩いている「イサムさん」である。

彼は万年筆には見向きもせず、ペリカンのシャープペンシルを大切にしていた。工学部出にしては、文学や音楽に必要以上に詳しく、それだけに斜に構えるところがあり、友人もいたって少なく、生涯独身を貫いていた。

旭通りにカントリーやフォークを中心にしたライブハウスがあり、私は友人のバンドが出ている時など、酒を飲むので車ではなく電車で町田から八王子を経由して、ぐるりと出かけて行った。

ある夜ライブハウスにいるとイサムさんが、私の書いた『東京ラブシック・ブルース』（角川文庫）の本を手にふらりと現れた。文庫にはいくつもの付箋が付けられ、そして言うのだ。

「この記載は間違っている」

例の青いシャープペンシルで「曲名は本当はこうだよ」とメモ用紙に書き渡してくれた。その時の、英語のスペルが独特の形でレタリングしたような文字に感心した。

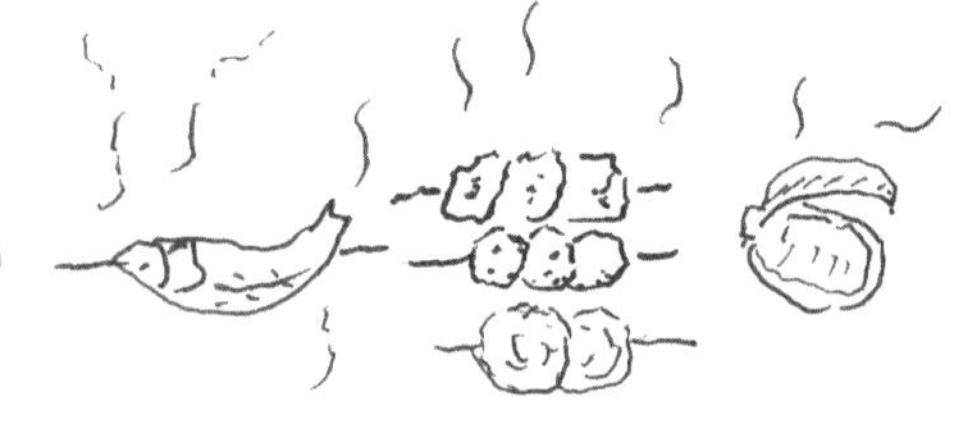

「どうもわざわざありがとう」とこちらが頭を下げると、「過ちは誰にでもあるからね」とにっかり笑い、二人でハイボールを二杯飲んでから、「これから近くの店に行かない」と誘われた。

近くにある小さなフランス料理店に案内されたが、メニューを開き、マスターがいるのに、「この店はワインとチーズだけは失敗ないよ」とすごく失礼なことを言って、プレーンオムレツを注文していた。

「そういうことを平気で言うと、ますます友達がいなくなりますね」とこちらが言うと、「いいのいいの、国立で気取った店はしばらくしたら潰れるんだから」と恐ろしいことを口にした。やがて数年して、本当にその店は閉店した。

ただし、ブランコ通りのバー、レッドトップだけは、イサムさんはケチをつけなかった。その店が出入り禁止になったら、彼の国立での居場所がなくなる。

「イサムさんは極端に友人が少ない人ですね」と言うと、「おたくだって」とすぐさま反論してきた。

友のいない同士は、五十代から六十代にかけて月に一度の割り合いで国立で会って、酒を手に談笑していた。遠出をしない人であったが、八

戸や兵庫や能登の旅行に誘うと、しぶしぶ付いてきて、「家と家が離れた村の景色はいいもんだな」「列車から青い空を眺めていると、旅情を感じる」と満更でもないことを口にした。イサムさんは飛行機は落ちるからと絶対に乗らなかった。

また、古いカントリーやジャズのレコードを持っており、わざわざデジタル化する店に行きＣＤに焼いて、何枚も送ってくれた。決まってコクヨの原稿用紙にシャープペンシルで曲名とその解説を書いてくれたが、よどみのない字で、見事な英字のスペルの美しさで、いつも感心するのであった。だが彼が送ってくれたＣＤを聞くと、今では不意に涙が出てくる時がある。

なぜならば十数年前の冬に、なんの音沙汰もなく六十六歳にて自死してしまったからだ。会社勤めからリタイアした人は、緊張が途切れて昼からビールを飲みアルコール依存症になる人が多い。イサムさんも年々酒に溺れていったようだ。

長期にわたって休むことなく酒を飲み続けていると、鬱状態が強くなり、やがて自殺願望がまとわりつき、たいした理由もなく命を絶ってしまう人が後をたたない。

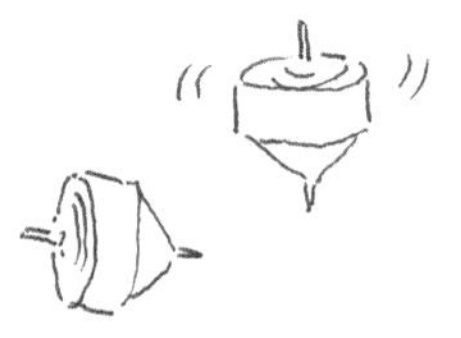

彼が亡くなってからは、国立には行く理由も見つからず、遠ざかってしまった。また妻の両親が亡くなると、家を処分して更地から三軒の宅地となってしまった。時々その跡を見に行ったが、妻は寂しそうな顔はせずなんの問題もなく終わって良かったと、さっぱりした顔で安堵していた。

両親の残した土地や別荘を処分することもできず、残されて苦労している人がどれだけ多いか計り知れない。

なお義父のモンブラン万年筆二本は形見の品として、現在も私のペンケースに収まっている。

ある日、妻が「こんなものを国立で見つけたよ」と、北口のつくし文具店のペンケースをくれた。国分寺市立第三中学校の近くに用事があり、その帰りに小さな文房具店を見つけ覗いて、ノートと一緒に買ってきたのだ。

その「つくしペンケース」は、リネンの帆布生地に、青いファスナーが洒落ている。リネンは革のようにベタつかず、さらさらした手触りが気持ち良い。その上マチがあるので、かなりの数の鉛筆やマーカーも、

消しゴムも入る。「これは良い」と、旅行に行く時にも愛用している。ファスナーを開きやすくするために、ローソクの蠟をこすりつけて、滑りを良くした。

これまで使用したペンケースの中では最上の使い良さである。紳士の文房具といった本でよく紹介されている、薄い革製は高価で案外滑ってしまって使いづらい。

多くの筆箱は、今後このつくしペンケースに道を明け渡すことだろう。さらに「つくしノート」も厚さとデザインがよく考えられており、紙質も万年筆に合う。

最近はこういった個人の店、独立系の文具店も増えてきた。若い人たちが集まり、知恵を絞り、商品を作りはじめている。

店のコンセプトは、私なりに言うと「持っていると明るく、楽しく、ハッピーエンド」のようだ。時代が変化してひたすら効率や管理を目的にした手帳やノート類は、時間の自由を奪う気がしてならない。

ただのセレクトショップとは異なり、自分たちが行動して企画し、デザインし、販売しているところに逞しさと未来を感じる。

国立の町が大好きだった娘はいつの間にか大人になり、神奈川県の大磯に嫁いでいき、子どもの兄弟はすでに中学三年生になる。桜の季節になると、子どもを連れて大学通りを散歩するのを楽しみにしている。

大磯駅前に偶然「TE HANDEL（ティーハンデル）」という紅茶専門店を見つけた。ここの紅茶は日本一香りが高い。チャイ用の茶葉にたっぷりと豆乳を沸かして注ぎ、毎朝のように飲んでいる。

店の中に気になる本も多く、さらに北欧の文房具類にも誘われ、行くたびについつい手にしてしまう。ノート、ハサミ、袋類と温かくすっきりしたデザインに魅了される。店の白ずくめのマダムが若い頃にスウェーデンに留学した時に気に入り、使用したものが多いそうだ。

そこから少し山側に向かったところにはティーハンデルのギャラリーがあり、何度も振り返る気になる建物である。若手建築家・田根剛氏が設計し、建物を見に来る見学者も多い。工房や画廊として使われ、今後は新たにカフェも開店する予定で、もう一つ伝説の大磯物語が増えていく。

伝説といえばふらりと寄った能登の最果てに、「二三味（にざみ）珈琲」という自家焙煎豆専門店がある。その香り、味わいは日本一のコーヒーといえよう。なお二三味農産のお米やスイカも日本一である。おかみさんはその昔舟小屋だった所で豆を選定しており、日本一の笑顔。

こうした独立系と呼ばれる店は経営していくのも苦労が多いが、ネットの情報により、逆に遠くから訪れる熱烈な客も増している。

小さな旅をして国立や大磯に、遠く奥能登に行って英気を養い、ジジイは元気になる。

旅を続ければ、きっと気に入る店も見つかるはずである。

悠々自適な人生を謳歌するための文房具

あとがき

上海に行くと必ず寄って帰るのが田子坊(テイエンズファン)の通りである。工場や倉庫、住宅地を改装した迷路のような細い路地が重なる場所で、地下鉄打浦橋(ダープーチャオ)駅を下車する。出口を出ると茶葉と漢方の匂いがあたりを包み込んでいる。こういった路地にも文房具、画集の本屋、画材、手作りノートなどの店がある。

数年前に誘われるがごとく奥へ奥へと店を覗いていくと、カメラ、双眼鏡、万年筆のアンティークショップがあった。ガラス面のドアを開けると、紅衛兵が被る赤い星のマークの帽子を頭に載せた若い兄ちゃんの店番がいた。店内には王　菲(フェイ・ウオン)の『恋する惑星』の曲が流れていて、兄ちゃんは曲に合わせて頭を揺らしている。

こういう時の常套の挨拶は「景気はどう」である。タクシー、食堂、画材屋と、この中国語の口癖が出る。若い兄ちゃんは首を横に振り、

「昔の日本人は羽振りが良かった」

と言って入口にあった簡易な竹のイスを指さした。

ここで座ると、すぐにお暇(いとま)することが困難になってくる。さらに相手は小さ

なおちょこぐらいの湯呑み茶碗に香りの良いウーロン茶を注いで、差し出してきた。


ガラスの棚には古い万年筆が整然と並んでいた。モンブラン、ペリカン、ウォーターマンと日本よりはるかに高い値段が付いている。モンブランの金無垢の定価は、軽自動車が買えるプライスであった。こちらが覗き込んでいると、緑のフエルトの平たいペンケースを並べた。茶色の軸のウォーターマンと、青いペリカンのスーベレーンM600に注目していた。

「特定年份的鋼笔（年代ものの万年筆）」

兄ちゃんの声が低くたたみかけてくる。

インク瓶に浸けてペリカンを試し書きしてみる。字幅はFなので細く、ペン先がザラザラしていた。だが、それは日本で買うよりはるかに安かった。

旅に出ると気が大きくなるものだ。

「私は買います。このペリカン万年筆」

兄ちゃんは初めてにごった目で笑った。

百元札を何枚も渡すと、一枚一枚電灯にかざして、透かして見ていた。中国は高級腕時計やバッグに偽物が多いが、お札も信用ができない。

ペリカンはやはりしばらくしてユーロボックスにてペン先の調整をしてもらい、現在は元気に働いてもらっている。青い軸の万年筆を手にすると、上海の兄ちゃんのことを思い出す。

私の信念は「なんでも触ってみる」である。

『ジジイの文房具』は、コクヨの原稿用紙にモンブラン、セーラー、ペリカンの万年筆、そしてサラサのボールペンで書いた。原稿用紙は人に見せられるものではない。書き足し、吹き出しを加え、削るといった悪戦苦闘の連続であった。泥の雪道を四駆で左右に揺れて走ったような有様である。

担当の編集者は象形文字を解読するかのごとくパソコンに打ち直し、清書してファックスで送ってもらい、一度、二度、三度と手を入れ、最終確認をして印刷所に入れる。またまたゲラに手を入れ、追加してと、果てしない航海に出る。なお小さなカットはガラスペンにＰＭＰＡＤ用紙を使用した。

旅は人を育てるというが、この難破船原稿は相手をも苦しめる。

『ジジイの片づけ』『ジジイの台所』『ジジイの文房具』と編集したクリスタル林玲子さんは、あまりの長い戦いに心身ともに疲労し、体調を崩してしまった。

できたらもう一冊『ジジイの無駄づかい』を書きたい、とＬＩＮＥを送ると、それっきり返事はまったく途絶えてしまった。

二〇二四年春

沢野ひとし

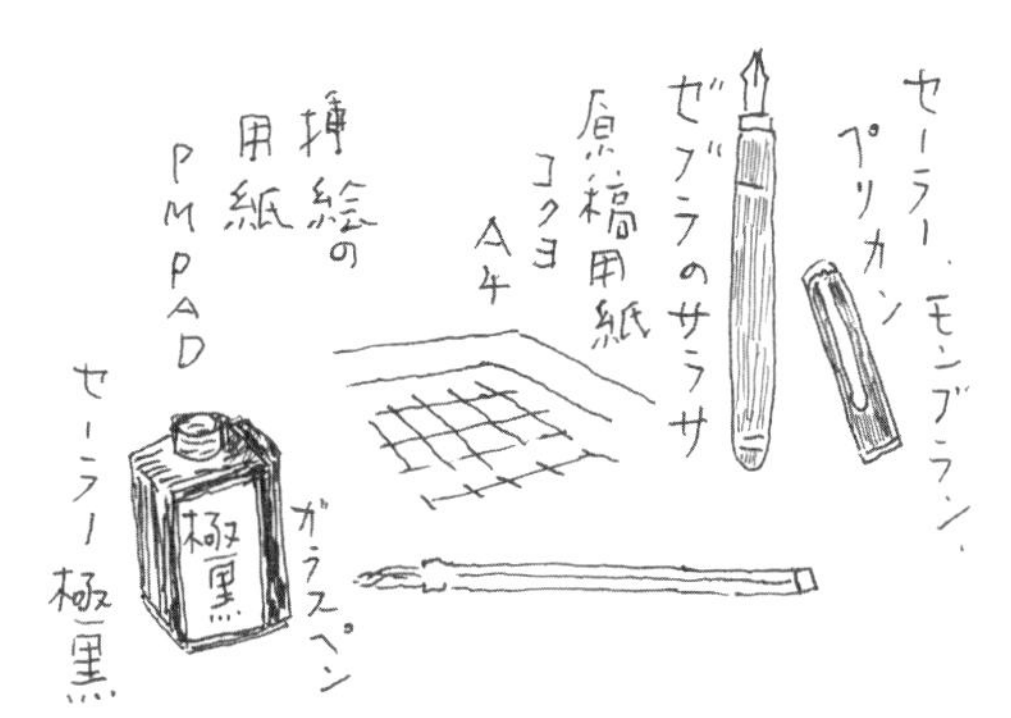

沢野ひとし（さわのひとし）
イラストレーター・エッセイスト・絵本作家。1944年愛知県生まれ。児童書出版社勤務を経て、書評誌『本の雑誌』創刊時の1976年より表紙と本文イラストを担当。山岳をテーマにしたイラストエッセイで人気を博す。1991年、第22回講談社出版文化賞さしえ賞受賞。著書に『鳥のいる空』（集英社）、『さわの文具店』（小学館）、『中国銀河鉄道の旅』（本の雑誌社）、『ジジイの片づけ』『ジジイの台所』（集英社クリエイティブ）、『人生のことはすべて山に学んだ』（角川文庫）、『真夏の刺身弁当　旅は道連れ世は情け』（産業編集センター）など多数。

ジジイの文房具（ぶんぼうぐ）

2024年3月31日　第1刷発行

著者　沢野（さわの）ひとし
発行者　徳永 真
発行所　株式会社　集英社クリエイティブ
〒101-0051　東京都千代田区神田神保町2-23-1
電話　03-3239-3811
発売所　株式会社　集英社
〒101-8050　東京都千代田区一ツ橋2-5-10
電話　読者係03-3230-6080／販売部03-3230-6393（書店専用）
印刷所　大日本印刷株式会社
製本所　株式会社ブックアート

定価はカバーに表示してあります。

ISBN 978-4-420-31106-9　C0095

沢野ひとし　シリーズ既刊本
好　評　発　売　中

ジジイの片づけ

A5判ソフトカバー／176ページ
ISBN978-4-420-31089-5

片づけを習慣にすれば、明るく幸せになる！
決断力に富んで清々しい、
ジジイ目線で綴られる新感覚片づけ本。

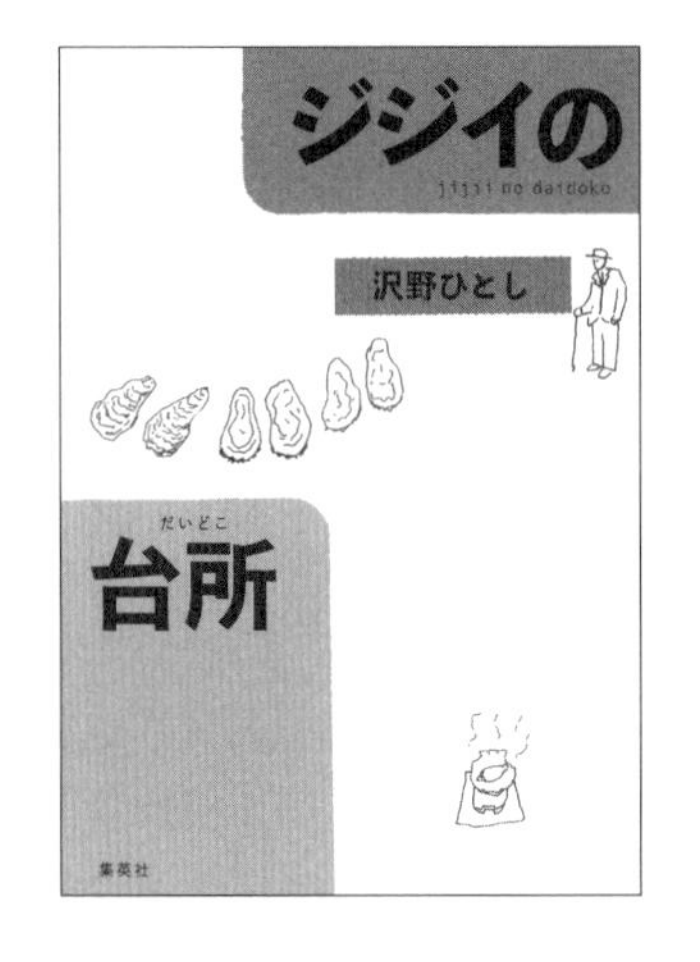

ジジイの台所（だいどこ）

A5判ソフトカバー／192ページ
ISBN978-4-420-31099-4

台所には生きる底力が詰まっている！
食と台所に人生の喜びを見出し、
心豊かに生きるための本。